Lars Völker

Untersuchung des Kommunikationsintervalls bei der gekoppelten Simulation

Karlsruher Schriftenreihe Fahrzeugsystemtechnik
Band 6

Herausgeber
FAST Institut für Fahrzeugsystemtechnik
Prof. Dr. rer. nat. Frank Gauterin
Prof. Dr.-Ing. Marcus Geimer
Prof. Dr.-Ing. Peter Gratzfeld
Prof. Dr.-Ing. Frank Henning

Das Institut für Fahrzeugsystemtechnik besteht aus den eigenständigen Lehrstühlen für Bahnsystemtechnik, Fahrzeugtechnik, Leichtbautechnologie und Mobile Arbeitsmaschinen

Eine Übersicht über alle bisher in dieser Schriftenreihe erschienenen Bände finden Sie am Ende des Buchs.

Untersuchung des Kommunikations-intervalls bei der gekoppelten Simulation

von
Lars Völker

KIT Scientific Publishing

Dissertation, Karlsruher Institut für Technologie
Fakultät für Maschinenbau, 2010

Impressum

Karlsruher Institut für Technologie (KIT)
KIT Scientific Publishing
Straße am Forum 2
D-76131 Karlsruhe
www.ksp.kit.edu

KIT – Universität des Landes Baden-Württemberg und nationales
Forschungszentrum in der Helmholtz-Gemeinschaft

KIT Scientific Publishing 2011
Print on Demand

ISSN 1869-6058
ISBN 978-3-86644-611-3

Vorwort des Herausgebers

Steigende Rechenleistungen und eine große Verbreitung von Simulationsprogrammen erlauben heute den Aufbau virtueller Prototypen zur Unterstützung und Optimierung des Produktentwicklungsprozesses. Die steigende Komplexität von Bauteilen und Systemen erfordert dabei eine disziplinübergreifende Simulation, die heute üblicherweise durch eine Co-Simulation zwischen mehreren Programmen realisiert wird. Aus diesen Gründen kann die Simulation die Forschung an neuen Fahrzeugkonzepten unterstützen, die sich an den Eigenschaften Energieeffizienz, Sicherheit, Benutzerfreundlichkeit sowie Kosten orientiert.

Hierzu wird die Karlsruhe Schriftenreihe Fahrzeugsystemtechnik einen Beitrag leisten. Für die Fahrzeuggattungen Pkw, Nfz, Mobile Arbeitsmaschinen und Bahnfahrzeuge werden Forschungsarbeiten vorgestellt, die Fahrzeugtechnik auf vier Ebenen beleuchten: das Fahrzeug als komplexes mechatronisches System, die Fahrer-Fahrzeug-Interaktion, das Fahrzeug im Verkehr und Infrastruktur sowie das Fahrzeug in Gesellschaft und Umwelt.

Band 5 stellt eine Methodik zur Bestimmung des so genannten Kommunikationsintervalls einer Co-Simulation vor. Es wird vorgeschlagen, dass der Austausch von Daten zwischen den Simulationsprogrammen in einem Zeitintervall, das einem Zehntel des Kehrwerts der höchsten im System auftretenden Frequenz entspricht, erfolgen soll. Die Validierung der Methodik erfolgt an drei Beispielen: einem einfachen Zylindermodell, der Hubkinematik eines Radladers und der Vorderachsfederung eines Traktors.

Die zur Erarbeitung der Methodik notwendigen Grundlagen werden in dieser Arbeit zusammenfassend dargestellt. Dies umfasst die mathematischen Grundlagen der betrachteten Fachdisziplinen zum Austausch von Zustandsgrößen, die numerischen Integrationsverfahren sowie die Schrittweitensteuerung in Simulationsprogrammen.

Karlsruhe,
im Dezember 2010

Marcus Geimer
Karlsruher Institut für Technologie (KIT)

Untersuchung des Kommunikationsintervalls bei der gekoppelten Simulation

Zur Erlangung des akademischen Grades
Doktor der Ingenieurswissenschaften
der Fakultät für Maschinenbau
Karlsruher Institut für Technologie (KIT)

genehmigte
Dissertation
von

Dipl.-Ing. Lars Völker

Tag der mündlichen Prüfung: 10.12.2010
Hauptreferent: Prof. Dr.-Ing. Marcus Geimer
Korreferent: Prof. Dr.-Ing. Jivka Ovtcharova

Kurzfassung

Im Entwicklungsprozess von Maschinen und Fahrzeugen spielt die Simulation eine immer wichtigere Rolle. Sie ist heutzutage ein anerkanntes Hilfsmittel im Bereich Forschung und Entwicklung (F&E) und ermöglicht, Entwicklungszeit und -kosten einzusparen. Ziel der Firmen ist daher, einen möglichst umfangreichen Kenntnisstand durch die Simulation zu erarbeiten.

Der Trend im Bereich der Simulation geht hin zum virtuellen Prototyp, d.h. der vollständigen Abbildung eines Produktes in der Simulation. Es muss in der Simulation der Tatsache Rechnung getragen werden, dass moderne Maschinen und Fahrzeuge mechatronische Systeme darstellen. Die Kopplung verschiedener Simulationsprogramme stellt dabei eine Möglichkeit dar, ein solches mechatronisches System zu simulieren. Bei der gekoppelten Simulation wird das Gesamtsystem in Teilsysteme unterschiedlicher Fachgebiete wie Mechanik, Hydraulik, Elektrik, Elektronik oder Steuerungstechnik unterteilt. Jedes Teilsystem wird in einem fachgebietsspezifischen Simulationsprogramm modelliert. Das Gesamtsystem wird durch Kopplung der einzelnen Teilsysteme simuliert.

Für die Simulation muss die analoge reale Welt digitalisiert, d.h. diskretisiert werden, um von einem Computer berechnet werden zu können. Die Diskretisierung der Realität spiegelt sich in der Schrittweite von Simulationsprogrammen wieder. Es gibt zwei Arten von Schrittweiten: feste und variable. Heutige Simulationsprogramme sind in der Lage, ihre Schrittweite automatisch an die Eigenschaften des Systems anzupassen. So gibt es für viele numerische Näherungsverfahren automatische Schrittweitensteuerungen.

Auch für die gekoppelte Simulation stehen heutzutage Verfahren zur Verfügung, die Schrittweite, die im Falle einer gekoppelten Simulation auch Kommunikationsintervall genannt wird, automatisch anzupassen. Allerdings handelt es sich hierbei um spezielle Programmentwicklungen für die gekoppelte Simulation, so genannte Simulationsplattformen. Für die Simulationskopplung unter dem Simulationsprogramm Simulink stehen solche Verfahren nicht zur Verfügung.

Das Ziel dieser Arbeit ist es daher, eine Methodik für die Bestimmung des Kommunikationsintervalls bei der gekoppelten Simulation unter Simulink zu entwickeln. Eine solche Methodik existiert für die Wahl der Simulationsschrittweite in einem Simulationsprogramm und soll auf die gekoppelte Simulation erweitert werden.

Abstract

The simulation of vehicles and machines is very important in today's Research and Development process (R&D). With its help, developing time and costs can be reduced. So it is an intention of companies to support most of their research work with simulation methods.

The trend of simulation today is heading for the virtual prototypes, i.e. companies try to create complete simulation models of their products. But modern products are kind of mechatronic systems. This is a fact which has to be dealt with in the simulation. Mechatronic systems can be simulated with the use of the coupled simulation or also called co-simulation. The complete system has to be separated into sub systems of different technical fields like mechanics, hydraulics, electric and electronic or control. Every sub system has to be modeled in a specialized software tool. The complete system will then be simulated by coupling of the different sub systems.

For running a simulation the analogical real world has to be digitalized which means discredited to be calculated by a processor. The discrediting of the real world mirrors in the step size of the simulation programs. There are two kinds of step sizes, fixed step sizes and variable step sizes. The step size of today's simulation tools can automatically be adapted due to the character of the systems. It is called automatic step size control.

Today there are also procedures to adapt automatically the step size of a coupled simulation. This step size is called communication time range. The procedures for the step size control are special developments. They are integrated into special software tools, so called co-simulation platforms. These procedures are not available in a coupled simulation with Simulink as a master.

Due to this a method should be developed in this composition how the communication time range can be defined for a coupled simulation with Simulink as a master. There are methods for the definition of the step size in one software tool. These methods should be transferred for the use in a coupled simulation.

Vorwort

Die vorliegende Arbeit entstand während meiner Tätigkeit als wissenschaftlicher Mitarbeiter am Lehrstuhl für Mobile Arbeitsmaschinen (Mobima) des Instituts für Fahrzeugsystemtechnik (FAST) des Karlsruher Instituts für Technologie (KIT).

Mein besonderer Dank gilt Herrn Prof. Dr.-Ing. Marcus Geimer, dem Leiter des Lehrstuhls für Mobile Arbeitsmaschinen, für die Übernahme des Hauptreferats, die vielen fachlichen Diskussionen und Anregungen sowie die Unterstützung während meiner Zeit am Lehrstuhl.

Frau Prof. Dr.-Ing. Jivka Ovtcharova, der Leiterin des Instituts für Informationsmanagement im Ingenieurwesen des KIT, danke ich für die Übernahme des Korreferats und die Durchsicht meiner Arbeit.

Des Weiteren danke ich Herrn Prof. Dr.-Ing. Kai Furmans, dem Leiter des Instituts für Fördertechnik und Logistiksysteme (IFL) des KIT, für die Übernahme des Prüfungsvorsitzes.

Den Kolleginnen und Kollegen des Lehrstuhls danke ich für die gute Zusammenarbeit und das gute Arbeitsklima. Besonderer Dank gilt hier den Kollegen Andreas Huber, Phillip Thiebes, Peter Dengler, Christian Schwab, Roman Weidemann, Martin Scherer und Thorsten Dreher für die Unterstützung sowohl fachlich als auch persönlich. Der Werkstatt und dem Sekretariat danke ich ebenfalls für die gute Zusammenarbeit, stellvertretend sei hier Herr Klaus Kasper und Frau Brigitte Kallenbrunnen genannt.

Mein ganz besonderer Dank gilt meiner Familie, meinen Eltern Bruno und Angelika, die mich Zeit meines Lebens begleitet, unterstützt und die an mich geglaubt haben. Meiner Schwester Kirsten danke ich für das Korrekturlesen meiner Arbeit. Für die Unterstützung und die Geduld speziell in der Zeit des Schreibens danke ich meiner Freundin Helena, die mir in dieser Zeit den Rücken frei gehalten hat.

Karlsruhe,
im Dezember 2010

Lars Völker

Inhaltsverzeichnis

Symbolverzeichnis

Griechische Symbole

Φ	Operator zur Verknüpfung von Systemeingangs- und Ausgangsgröße
Φ	Magnetische Flussdichte
$\dot{\Phi}$	Änderung der magnetischen Flussdichte
Φ	Trägheitstensor
α_D	Blendenbeiwert
ε	Permittivität
λ	Lagrange-Operator
λ	Komplexe Zahl
$\lambda_{max/min}$	Größter/kleinster Eigenwert
η	Dynamische Viskosität
κ	Steifigkeitsindex
κ	Schrittkennzahl
μ_e	Effektive Permeabilität
π	Kreiszahl
ρ	Dichte
φ	Winkel
$\ddot{\vec{\varphi}}$	Vektor der Winkelbeschleunigungen
ω	Winkelgeschwindigkeit
ω_n	Eigenwert

Lateinische Symbole

A	$(n \times n)$ Systemmatrix
A	Ober- oder Querschnittsfläche
A_0	Querschnittsfläche einer Blende

$\vec{a}_S$	Beschleunigungsvektor
B	$(n \times r)$ Eingangs- oder Steuermatrix
b	Breite eines Rechteckspalts
C	$(m \times n)$ Ausgangsmatrix
C, $C(t_0)$	Fehlerkonstante
C	Elektrische Kapazität
C_H	Hydraulische Kapazität
C	Steifigkeitsmatrix
c	Steifigkeit
c_l	Zwangsbedingung auf Lageebene
c_g	Zwangsbedingung auf Geschwindigkeitsebene
D	$(m \times r)$ Durchgangsmatrix
D	Dämpfungsmatrix
d	Dämpfung
d_0	Norm einer Zustandsgröße
d_1	Norm eines Funktionswerts
d_2	Norm einer Funktionswertdifferenz
$E_{Öl}'$	Ersatzkompressionsmodul von Öl
e	Eulersche Zahl
err	Ermittelte Fehler
F	Kraft
F_D	Dämpfungskraft
$\vec{F}_e$	Eingeprägte Kraft
F_F	Federkraft
F_T, $\vec{F}_t$	Trägheitskraft
f_n	Eigenfrequenz
G(x)	grad $\vec{g}$

$G(q)$	Zwangskraftmatrix
$G(s)$	Übertragungsfunktion
g	Erdbeschleunigung
$g(x)$	Holonome, skleronome Zwangsbedingung
H	Kommunikationsschrittweite
H	Höhe eines Rechteckspalts
h	(Integrations-) Schrittweite
h_0	Startschrittweite
Im	Imaginärteil einer komplexen Zahl
I, I_v	Elektrischer Strom
$\underline{I}$	Komplexer Strom
$\dot{i}$	Stromänderung
J_M	Trägheitsmoment eines Motors
k_M	Drehmomentkonstante
$k_n^{(i)}$	Notation bei den Präditkor-Korrektor-Verfahren
L	Elektrische Induktivität
L_H	Hydraulische Induktivität
l	Abstand der Ladungsträger oder Leitungslänge oder Rohrlänge
$l(h), l_e(t_0+h)$	lokaler Diskretisierungsfehler
M	Massenmatrix
M	Moment
$\vec{M}$	Momentenvektor
m	Masse
m	Multi-Rate-Faktor
$N(s)$	Nennerpolynom
n	Windungsanzahl einer Spule
n	Drehzahl

P	Leistung
$P(\lambda)$	Charakteristisches Polynom
$p(t)$	Polynom zur Beschreibung eines Integrals
p	Konsistenzordnung
p	Druck
Δp	Druckdifferenz
$\dot{p}$	Druckänderung
Q	Elektrische Ladung
Q	Stabkraft
Q	Hydraulischer Volumenstrom
Q_i	Volumenstrom über eine hydraulische Komponente; i = R oder L
$\dot{Q}$	Änderung des hydraulischen Volumenstroms
q	Minimalkoordinate
R	Elektrischer Widerstand
R_H	Hydraulischer Widerstand
r	Rohrdurchmesser
s	La-Place Transformationsvariable
sk_i	Skalierte Toleranz
t	Zeit
t_n, t_{n+1}	Zeitpunkte
Re	Realteil einer komplexen Zahl
U, U_v	Elektrische Spannung
$\underline{U}$	Komplexe Spannung
$u(t)$	Elektrische Spannung
$u_i(t), u_j$	Spannungsabfall über einer elektrischen Komponente; i/j = R oder C oder L
u_a	Speisespannung
$\dot{u}$	Spannungsänderung

u	Übersetzungsverhältnis
$u(t)$	$(r \times 1)$ Eingangs- oder Steuervektor
V	Volumen (Schluckvolumen eines Hydraulikmotors)
v	Geschwindigkeit
v_i	Geschwindigkeit in einer Richtung; $i = x$ oder y oder z
W	Arbeit
$X_a(s)$	Systemausgangsgrößen
$X_e(s)$	Systemeingangsgrößen
x	Position/Weg
$x(t)$	$(n \times 1)$ Zustandsvektor
$x, \hat{x}, \tilde{x}$	Zustandsgrößen
$\vec{x}$	Orts-/Lagevektor
$\dot{x}$	Geschwindigkeit
$\ddot{x}, \ddot{x}_s$	Beschleunigung
$\underline{Y}$	Komplexer Leitwert oder Admittanz
y	Position/Weg
$y(t)$	$(m \times 1)$ Ausgangsvektor
$y, y(t)$	Zustandsgröße eines Systems
$\dot{y}, \dot{y}(t)$	Änderung einer Zustandsgröße eines Systems
$\underline{Z}$	Komplexer Widerstand oder Impedanz
$Z(s)$	Zählerpolynom

Abkürzungen

CAD	Computer Aided Engineering
CAE	Computer Aided Design
CFD	Computational Fluid Dynamics
DEM	Discrete Element Method
DOF	Degree of Freedom
FEM	Finite-Elemente-Methode
FFT	Fast-Fourier-Transformation
FOS	First Order State
GUSMA	Gekoppelte Unternehmensübergreifende Simulation Mobiler Arbeitsmaschinen
MKS	Mehrkörpersimulation
ODE	Ordinary Differential Equation
PLM	Product Lifecycle Management

1 Einleitung

Die Entwicklung von Produkten, Maschinen und Fahrzeugen ist heutzutage ohne den Einsatz von Simulationen nicht mehr denkbar. Dabei ist der Begriff der Simulation weit gefasst. Nach /V1/ ist die Simulation definiert als

> „... ein Verfahren zur Nachbildung eines Systems mit seinen dynamischen Prozessen in einem experimentierbaren Modell, um zu Erkenntnissen zu gelangen, die auf die Wirklichkeit übertragbar sind.
>
> Im weiteren Sinne wird unter der Simulation das Vorbereiten, Durchführen und Auswerten gezielter Experimente mit einem Simulationsmodell verstanden.
>
> Mit Hilfe der Simulation kann das zeitliche Ablaufverhalten komplexer Systeme untersucht werden."

Untersuchungen an Prüfständen oder Versuchsfahrten mit Prototypen lassen sich somit ebenfalls unter dem Begriff der Simulation vereinen wie der Einsatz von Computern zur Abbildung der Realität. Im Folgenden soll daher unter dem Begriff der Simulation die computerunterstützte Simulation verstanden werden. Allerdings gilt es, auch diesen Begriff zu präzisieren, da es bei der computerunterstützten Simulation wiederum unterschiedliche Ausformungen gibt.

Der Begriff der computerunterstützten Simulation umfasst einen großen Bereich von der CAD-Konstruktion[1], der Komponentenuntersuchung durch CFD[2]-/FEM[3]-Simulationen (Simulation mit verteilten Parametern) über Systemsimulationen (Simulation mit konzentrierten Parametern) bis hin zur Unterstützung des Entwicklungsprozesses durch PLM-Systeme. Für die einzelnen Bereiche wurden von verschiedenen Anbietern Simulationsprogramme entwickelt. Ein Überblick über eine Auswahl an Simulationsprogrammen findet sich in /D4/ und /D6/.

Grundsätzlich ist die Simulation heutzutage ein anerkanntes Hilfsmittel im Bereich der Forschung und Entwicklung (F&E). Ihre Bedeutung für die Entwicklung neuer Produkte wird in /S9/ betont. Mit Hilfe der Simulation lassen sich Entwicklungszeit

---

[1] CAD = Computer Aided Design

[2] CFD = Computational Fluid Dynamics

[3] FEM = Finite Elemente Methode

und -kosten reduzieren, die Produktqualität steigern und das dynamische Verhalten für einen sicheren und verlässlichen Betrieb vorhersagen. Ziel ist laut /S9/ daher die Einführung einer Werkzeugkette von Simulationswerkzeugen, um Prototypen einzusparen und Variantenentwicklungen am Rechner vornehmen zu können. Zusätzlich ermöglicht der Einsatz der Simulation dem Anwender, komplexe Zusammenhänge zu analysieren und somit ein tieferes Verständnis zu erhalten.

Der immer noch weitgefasste Begriff der Simulation soll für die nachfolgenden Betrachtungen weiter eingeschränkt werden. Einen Überblick über die Simulationsdisziplinen im Maschinenbau gibt Helduser in /H4/. Sein Fokus liegt dabei auf der nichtlinearen Dynamik. Unter dem Begriff der nichtlinearen Dynamik bzw. deren Simulation werden quasi-zeitkontinuierliche Simulationen mit konzentrierten Parametern und diskreten Zustandsgrößen verstanden, wie sie in der Hydraulik- oder Mehrkörpersimulation eingesetzt werden. Der Begriff Simulation mit konzentrierten Parametern bedeutet dabei nach /U1/, dass ein Gesamtsystem aus vielen idealisierten Elementen wie beispielsweise Federn, Massen, Kapazitäten oder Induktivitäten zusammengesetzt wird. Solche Systeme werden durch gewöhnliche Differentialgleichungen oder Differential Algebraische Gleichungen beschrieben. Mit Hilfe von Simulationen mit konzentrierten Parametern lassen sich Komponenten und Systeme abbilden. Nachfolgend wird diese Art der Simulation unter dem allgemeinen Begriff der Simulation verstanden. Die Simulation zeitkontinuierlicher Systeme mit verteilten Parametern wie eine FEM- oder CFD-Simulation, bei denen das Gesamtsystem durch nahezu unendlich viele kleine Elemente abgebildet und mathematisch durch partielle Differentialgleichungen beschrieben wird, wird nicht betrachtet.

1.1 Ausgangssituation

Der Trend im Bereich der Simulation geht hin zum virtuellen Prototyp, d.h. der vollständigen Abbildung eines Produktes, einer Maschine oder eines Fahrzeugs in der Simulation. Mit Hilfe virtueller Prototypen eröffnen sich neue Möglichkeiten, wie beispielsweise die von Schick in /S1/ dargestellte Nutzung der Simulation für die Zertifizierung und Homologation der Varianten von LKW-Aufliegern.

Neben den virtuellen Prototypen wird der Bereich der Hardware-in-the-Loop (HIL) Simulationen bzw. der Software-in-the-Loop (SIL) Simulationen immer wichtiger. Beispiele für HIL-Simulationen finden sich in /D5/, /H1/ und /K1/. Die HIL- oder SIL-Simulation stellt eine Mischform zwischen Simulation und realem Prototyp dar. Beiden gemein ist, dass ein Teil des Produkts, der Maschine oder des Fahrzeugs oder auch das Produkt, die Maschine bzw. das Fahrzeug komplett in der Simulation abgebildet werden muss. Dies stellt die Entwicklungsingenieure vor große Herausforderungen.

Moderne Produkte, Maschinen und Fahrzeuge erreichen ihre hohe Leistungsfähigkeit und Funktionalität durch eine Vernetzung vieler unterschiedlicher Ingenieursfachgebiete wie der Hydraulik, Mechanik, Steuerungs- und Regelungstechnik sowie der Elektrik und Elektronik. Solche Systeme werden allgemein als mechatronische Systeme bezeichnet. Der Begriff Mechatronik wurde vom Japaner Ko Kikuchi 1969 geprägt. Der Begriff setzt sich aus den Worten „Mechanik“ und „Elektronik“ zusammen. Nach dem Einzug der Mikroelektronik und Mikroprozessortechnik wurde der Begriff auf die Informationstechnik ausgedehnt und beschreibt mittlerweile nach /G1/ die in **Abbildung 1.1** dargestellte Synergie aus dem Zusammenwirken der klassischen Ingenieurswissenschaften Maschinenbau, Elektrotechnik und Informationstechnik.

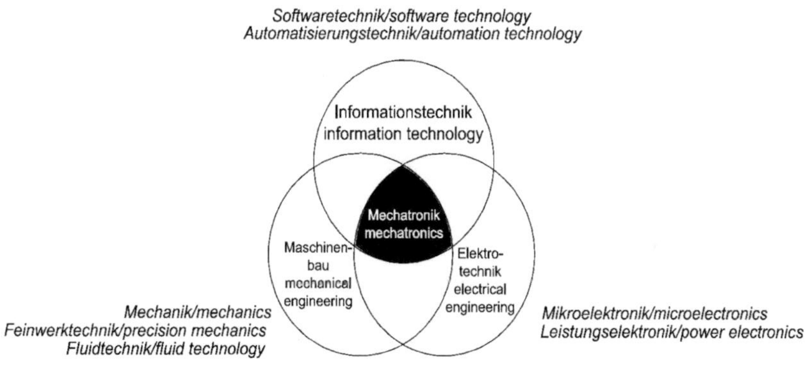

Abbildung 1.1: Mechatronik – Synergie aus dem Zusammenwirken verschiedener Disziplinen /G1/

Nachfolgend soll kurz der Aufbau eines mechatronischen Systems entsprechend /G1/ beschrieben werden, welcher in **Abbildung 1.2** dargestellt ist. Grundsätzlich besteht ein mechatronisches System aus vier Bausteinen: Grundsystem, Sensoren, Aktoren und Informationsverarbeitung. Die Bausteine sind über Energie-, Stoff- und Informationsflüsse miteinander gekoppelt. Zusätzlich können weitere Bausteine wie der Mensch oder die Umgebung hinzukommen, um Interaktionen abbilden zu können.

Als Grundsystem wird eine mechanische, hydraulische, elektrische oder pneumatische Struktur bezeichnet oder eine Kombination aus diesen. Die Sensoren ermitteln ausgewählte Zustandsgrößen des Grundsystems wie beispielsweise Wege, Geschwindigkeiten, Winkel, Drücke oder Temperaturen und übermitteln diese Daten an die Informationsverarbeitung. Die Verarbeitung läuft heutzutage meistens digital. Die Informationsverarbeitung ermittelt aus den vorhandenen Zustandsgrößen Stellgrößen für die Aktoren. Die Aktoren wirken auf das Grundsystem und nehmen entsprechend der ermittelten Stellgrößen Einfluss auf die Zustandsgrößen.

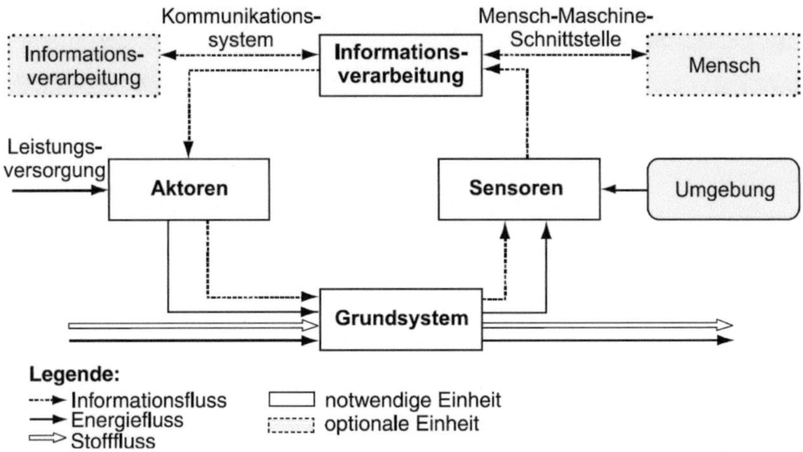

Abbildung 1.2: Grundstruktur eines mechatronischen Systems /G1/

Für die Abbildung von Produkten, Maschinen oder Fahrzeugen in der Simulation ist eine Modellbildung nötig. Sie stellt ein wesentliches Element bei der Simulation dar. Die Modellbildung wird in **Kapitel 2 Grundlagen der Modellbildung und Simulation** beschrieben. Eine Möglichkeit der Modellbildung und anschließender Simulation soll jedoch vorab schon beschrieben werden, da diese Möglichkeit die Grundlage für diese Arbeit ist. Es handelt sich hierbei um die gekoppelte Simulation.

Bei der gekoppelten Simulation oder Co-Simulation wird das mechatronische Gesamtsystem in Teilsysteme unterschiedlicher Fachgebiete unterteilt und jedes Teilsystem fachgebietsspezifisch modelliert. Das Gesamtmodell entsteht durch Kopplung der einzelnen Teilmodelle. Die Kopplung erfolgt durch Austausch von Energie-, Informations- und Stoffflüssen. Aufgrund der Aufteilung des Gesamtsystems können die am Aufbau der Teilmodelle beteiligten Anwender in ihrer jeweiligen Simulationsumgebung arbeiten. Eine unternehmens- oder abteilungsübergreifende Modellerstellung ist dadurch denkbar, ebenso das so genannte Simultanious Engineering, das parallele Arbeiten an einer Problemstellung. Darüber hinaus ermöglicht die Spezialisierung der Programme, Modelle mit einem hohen Detaillierungsgrad aufzubauen.

Allerdings ist nach /K3/ der Aufwand für die Durchführung einer gekoppelten Simulation hoch. Die Rechenzeit erhöht sich bedingt durch den Kommunikationsaufwand sowie die in vielen Fällen zu verwendende feste Schrittweite. Es benötigt spezielles Wissen auf dem Gebiet der Simulation und die passenden Schnittstellen, um eine gekoppelte Simulation durchführen zu können. Darüber hinaus kommt es zu numerischen Konvergenzproblemen, wenn gekoppelte Differentialgleichungen getrennt gelöst werden.

Dennoch wird in /M12/ und /H2/ der Einsatz und Nutzen einer gekoppelten Simulation für die Produktentwicklung betont. Neben der vollständigen Abbildung von Systemen ermöglicht die gekoppelte Simulation auch die bereits erwähnte Hardware-in-the-Loop (HIL) Simulation. Für die gekoppelte Simulation wird der Wunsch nach einheitlichen Schnittstellen, besserer Benutzerfreundlichkeit und schnelleren Rechenzeiten formuliert. Denn trotz Mängeln ist sowohl die Simulation als auch die gekoppelte Simulation ein unverzichtbares Werkzeug.

Die Vorgehensweise bei einer gekoppelten Simulation wird in **Kapitel 3 Stand der Technik** beschrieben. An dieser Stelle soll daher nur kurz auf den Simulations-Master, das zentrale Element bei der gekoppelten Simulation, eingegangen werden. Dieser wird benötigt, sobald zwei oder mehr Programme miteinander kommunizieren müssen. Er ermöglicht die gekoppelte Simulation. Für die gekoppelte Simulation wurden daher verschiedene Plattformen entwickelt, die diese Masterfunktion ausüben können. Beispiele hierzu sollen nachfolgend vorgestellt werden.

1.2 Plattformen für die Co-Simulation

In /B4/ wird die Co-Simulationsplattform Icos (Independent Co-Simulation) zur Simulation mechatronischer Systeme vorgestellt. Die einzelnen Teilmodelle werden über so genannte Wrapper an die Plattform gekoppelt. Für die Kopplung werden neuartige Kopplungsalgorithmen (Waveform-Relaxation, Multi-Rate-Ansatz, adaptive Schrittweitensteuerung) verwendet und dadurch ein gutes Verhältnis zwischen Genauigkeit, Konvergenzverhalten und Rechenzeit erreicht.

In /W2/ wird das Verbundprojekt MIKADO beschrieben. Ziele des Verbundprojekts waren Methoden und Werkzeuge zur Simulation mechatronischer Systeme für ein fachübergreifendes System Engineering. Es sollte eine durchgängige und integrierte Basis für die Entwicklung mechanischer, elektrischer und regelungstechnischer Komponenten sowie Software entstehen. Das zu entwickelnde Gesamtsystem bestand aus drei Subsystemen: die Mechatronik-Kooperationsplattform, produktorientierte Prüf- und Diagnosewerkzeuge sowie prozessorientierte Prüf- und Diagnosewerkzeuge. Durch standardisierte externe Schnittstellen sollte die Anbindung der bestehenden Systemumgebungen ermöglicht werden. Das Projekt endete zum 31.03.2009.

Das in /W3/ beschriebene Verbundprojekt GENSIM wurde durch sechs Fraunhofer-Institute unter der Leitung des Fraunhofer FIRST durchgeführt. In diesem Projekt wurden das Simulationswerkzeug MOSILAB (Modeling and Simulation Laboratory) sowie Anwendungsbibliotheken entwickelt. MOSILAB ermöglicht die zeitkontinuierliche und zeitdiskrete Analyse heterogener technischer Systeme und unterstützt im Simulationsexperiment eine Modellstrukturdynamik, so dass das unterschiedliche physikalische Verhalten vor und nach Phasenübergängen berücksichtigt werden kann. MOSILAB basiert auf der Modellierungssprache Modellica und bietet Schnittstellen zu beispielsweise FEM-Programmen oder auch MATLAB/Simulink.

In /W4/ wird das Verbundprojekt Functional DMU beschrieben. Das Ziel dieses Projektes ist die Entwicklung eines Frameworks für eine kooperative Entwicklung und Test funktionaler Prototypen komplexer mechatronischer Produkte. Das flexible Framework – ein nicht-monolithisches Softwaresystem – lässt virtuelle Modelle funktional erlebbar werden. Ähnlich der Simulationsplattform Icos werden auch beim Functional DMU Teilmodelle mit Hilfe eines Wrappers an einen Master angekoppelt. Neben dem Mastersimulator und den Simulatoren mit den Wrappern werden ein Simulationsbus und eine interaktive Visualisierung verwendet.

Eine weitere Co-Simulationsplattform ist in /W5/ beschrieben. Das Simulationsprogramm EXITE (EXTESSY Inter Tool Exchange) integriert einzelne Simulationen über Rechner, Werkzeuge und Domänen (Mechanik, Elektronik, Informatik). Es bietet bereits eine große Auswahl an Schnittstellen zu bekannten Programmen, verfügt darüber hinaus aber auch über eine offene programmierbare Schnittstelle. Die beteiligten Teilmodelle werden gekapselt, wodurch ein Know-how-Schutz erfolgt.

Neben diesen genannten Projekten und entwickelten Simulationsprogrammen wird darüber hinaus versucht, den mechatronischen Produktentstehungsprozess zu unterstützen. Im Verbundprojekt AQUIMO, welches in /W6/ beschrieben wird, wurde ein entsprechendes Modellierungswerkzeug entwickelt. Dabei sollte das AQUIMO-Werkzeug weniger der Systemsimulation als vielmehr dem Wissensmanagement sowie der Unterstützung der Produktentstehung dienen. Mit seiner Hilfe sollte beispielsweise eine formale Spezifikation einer neuen mechatronischen Funktion (digitales mechatronisches Pflichtenheft) erstellt werden. Das Verbundprojekt endete am 31.03.2010.

1.3 Motivation

Die oben dargestellten Beispiele stellen eine Auswahl an Simulationsplattformen dar, die heutzutage verfügbar sind. Sie zeigen die Notwendigkeit, Möglichkeiten zur Simulation mechatronischer Systeme zu schaffen und verdeutlichen noch einmal die in /K3/ genannte Herausforderung für die Simulation. Der Anwender steht nun vor der Aufgabe, sein System in der Simulation abzubilden. Ein Unternehmen muss somit für die Simulation ihrer mechatronischen Systeme für jedes Fachgebiet ein entsprechendes Simulationsprogramm und Personal vorhalten. Dies stellt eine hohe finanzielle Belastung dar. Lang betrachtet daher in /L1/ den Einsatz der Simulation in Unternehmen unter wirtschaftlichen Gesichtspunkten und gibt einen Überblick, wie verschiedene Szenarien bewertet werden können.

Die finanziellen Mehrbelastungen können von Unternehmen, die Produkte in hohen Stückzahlen mit geringer Variantenvielfalt produzieren, einfacher getragen werden wie beispielsweise von Firmen aus dem Bereich der mobilen Arbeitsmaschinen, bei denen geringe Stückzahlen bis hin zur Stückzahl eins sowie eine hohe Variantenvielfalt das Bild prägen. Unter mobilen Arbeitsmaschinen werden dabei Fahrzeuge aus dem Bereich der Baumaschinen, der Landmaschinen, der Forsttechnik, der Hebe-/ Fördertechnik, der Kommunalmaschinen sowie Spezialmaschinen wie Pistenraupen verstanden. **Abbildung 1.3** zeigt beispielhaft einige Fahrzeuge.

Neben den geringen Stückzahlen und der hohen Variantenvielfalt werden viele Komponenten mobiler Arbeitsmaschinen zugeliefert. Das Produkt-Know-how liegt beim Zulieferer. Der Hersteller der mobilen Arbeitsmaschine steht daher vor der Herausforderung, fremde Komponenten in der Simulation abzubilden. Was dies bedeuten kann, soll an den Komfortsystemen eines Fendt-Großtraktors aus der Vario 900 Baureihe (**Abbildung 1.4**) kurz exemplarisch dargestellt werden /H5/. Folgende Funktionen werden heute bereits realisiert:

Abbildung 1.3: Beispiele für mobile Arbeitsmaschinen

Abbildung 1.4: Großtraktor Fendt 900 Vario (265 kW) /B6/

- Hydropneumatische Einzelradfederung an der Vorderachse mit einer fahrgeschwindigkeitsabhängigen Wankabstützung (FSC: Fendt Stability Control) und mit automatischer Niveauregulierung
- Drei-Punkt-Kabinenlagerung mit Luftfederelementen mit automatischer Niveauregulierung
- Fahrersitz mit semiaktiver Luftfederung und mit automatischer Niveauregulierung
- Aktive Schwingungstilgung des Krafthebers beim Gerätetransport im Heck
- Passive Federung des Krafthebers bei Gerätetransport in der Front
- Hohe Automatisierung, z.B. Motor-Getriebe-Management-System TMS mit dem stufenlosen VARIO Getriebe, Vorgewendemanagement Variotronic, GPS basiertes automatisches Spurführungssystem Autoguide

Das Gesamtfederungspaket muss dabei auf unterschiedliche Fahrprofile und Einsätze abgestimmt werden. Ohne Unterstützung durch die Simulation ist dies wirtschaftlich nicht möglich. Auf den Einsatz einer kommerziellen Co-Simulationsplattform soll allerdings aus Kostengründen verzichtet werden. Darüber hinaus ist eine engere Zusammenarbeit zwischen dem Zulieferer und dem Hersteller der mobilen Arbeitsmaschine im Bereich der Simulation wünschenswert.

Das Projekt GUSMA – **G**ekoppelte **U**nternehmensübergreifende **S**imulation **M**obiler **A**rbeitsmaschinen zur Virtualisierung der Produktentstehung beschäftigt sich mit dieser Problematik. Es wird vom Bundesministerium für Bildung und Forschung (BMBF) gefördert und vom Karlsruher Institut für Technologie (KIT), Campus Nord, betreut. Die Projektlaufzeit beträgt drei Jahre. Das Projekt begann am 01.08.2008 und endet am 31.07.2011. Nachfolgend sollen die Inhalte des Projekts nach /V2/ dargstellt werden.

Im Projekt GUSMA soll die Anwendung der gekoppelten Simulation vereinfacht werden, so dass diese Simulationsart eine breitere Anwendung z.B. auf dem Gebiet der mobilen Arbeitsmaschinen findet. Hierfür soll der Prozess standardisiert werden. Besonderes Augenmerk wird auf den Know-how-Schutz der Teilmodelle gelegt, um eine unternehmensübergreifende Simulation zu ermöglichen.

Zentrales Element der Projektidee ist der Gedanke einer Plattform, auf der die gekoppelte Simulation anhand einer standardisierten Vorgehensweise durchgeführt werden soll. Das zu simulierende System soll dabei in Teilmodelle unterschiedlicher Fachdisziplinen bzw. in Teilmodelle unterschiedlicher Hersteller und Zulieferer aufgeteilt werden. Mit Hilfe fachgebietsspezifischer Simulationsprogramme werden die einzelnen Teilmodelle erzeugt und in einem zur Plattform kompatiblen Format exportiert. Durch den Export auf die Plattform und die damit verbundene Umwandlung des Teilmodells wird der Know-how-Schutz realisiert. Idealerweise wird neben dem geschützten Teilmodell auch der passende Solver mitexportiert, so dass jedes Teilmodell autark lauffähig ist.

Auf der Plattform soll der jeweilige Anwender die Möglichkeit haben, über eine grafische Benutzeroberfläche durch Vernetzung der einzelnen Teilemodelle das Gesamtmodell aufzubauen. Hierfür wird eine Visualisierung der Ein- und Ausgabegrößen benötigt. Zusätzlich sollen eine Parameterverwaltung sowie eine Bestimmung der Startwerte für die Simulation möglich sein. Eine Möglichkeit der Datenspeicherung schließt die Anforderungsliste an eine Plattform ab.

1.4 Problemstellung

Als Plattform wird im Projekt GUSMA das Simulationsprogramm MATLAB/Simulink gewählt. Es bietet dem Anwender eine grafische Benutzeroberfläche mit Visualisierungs- und Speichermöglichkeiten sowie einer Start-Stopp-Funktion für die Simulation. MATLAB/Simulink ist speziell im Bereich der Regelungstechnik in der Industrie weit verbreitet. Darüber hinaus ermöglichen zahlreiche kommerzielle Simulationsprogramme einen Modellexport nach MATLAB/Simulink.

Die eigentliche Plattform stellt Simulink dar. Unter Simulink werden die verschiedenen Teilsysteme miteinander gekoppelt und das Gesamtsystem simuliert. Simulink fungiert als Master und muss somit auch das Kommunikationsintervall vorgeben. Diese wird meist als feste Schrittweite eingestellt. Eine automatische Steuerung der Kommunikationsschrittweite ist im Gegensatz zu den kommerziellen Simulationsplattformen nur in Einzelfällen möglich, siehe hierzu Kapitel **4 Methodik zur Bestimmung des Kommunikationsintervalls**. Der Anwender der Co-Simulation unter Simulink benötigt somit für die Wahl der Kommunikationsschrittweite eine Handlungsempfehlung bzw. eine Methodik zur Bestimmung des Kommunikationsintervalls.

Ziel dieser Arbeit ist es daher, eine Handlungsempfehlung bzw. eine Methodik zur Bestimmung des Kommunikationsintervalls zu entwickeln, um eine Co-Simulation unter MATLAB/Simulink durchführen zu können.

1.5 Inhalt der Arbeit

Nach der in Kapitel 1 erfolgten Einleitung und der Vorstellung der Problemstellung werden in Kapitel 2 die Grundlagen der Modellbildung und Simulation gelegt. Aufbauend auf diesen sollen Methoden abgeleitet werden, um das Kommunikationsintervall zu bestimmen.

Kapitel 3 enthält einen Überblick über den Stand der Technik im Bereich der gekoppelten Simulation sowie über die in dieser Arbeit eingesetzten Simulationsprogramme mit den Grundlagen zu ihrer Rechenweise sowie zu den jeweiligen Schnittstellen.

Die Methodik zur Bestimmung des Kommunikationsintervalls wird in Kapitel 4 erarbeitet und in Kapitel 5 anhand von Beispielen überprüft. Kapitel 6 fasst die Ergebnisse der Arbeit noch einmal zusammen und gibt einen Ausblick auf zukünftige Arbeiten.

2 Grundlagen der Modellbildung und Simulation

Der Begriff der Simulation wurde in Kapitel 1 eingeführt und erläutert. Im Zuge dessen wurden Begriffe wie System, Modell und Modellierung verwendet, auf die im Folgenden eingegangen wird. Zunächst werden deren Begriffsdefinitionen aufgeführt.

2.1 Begriffsdefinitionen: System, dynamisches System, Modell, Modellbildung und Simulation

Ein System stellt nach /D2/ eine „Menge miteinander in Beziehung stehender Elemente“ dar, „die in einem bestimmten Zusammenhang als Ganzes gesehen und als von ihrer Umgebung abgegrenzt betrachtet werden.“ Ein System besteht somit aus einer Hüllfläche, aus Elementen oder auch Subsystemen und den Beziehungen der Elemente untereinander, welches die Struktur des Systems bildet. Die Hüllfläche trennt das System von anderen Systemen ab. Sie besitzt gleichzeitig aber auch Schnittstellen für einen Austausch. Die Definition eines Systems erfolgt im Allgemeinen hinsichtlich seiner Zielsetzung, was beispielsweise die Erfüllung einer bestimmten Funktion sein kann. Entsprechend der Definition eines Systems müssen die Elemente sowie deren Beziehungen untereinander spezifiziert werden.

> „Elemente eines Systems können natürliche oder künstliche Gegenstände ebenso wie Arten von Denkvorgängen und deren Ergebnisse (zum Beispiel Organisationsformen, mathematische Verfahren, Programmiersprachen) sein.“ /D2/

Die Beziehungen zwischen den einzelnen Elementen können über Austauschgrößen, den so genannten Systemein- und Systemausgangsgrößen, realisiert werden. Aus ihnen ergibt sich die Struktur des Systems. An diese Definition angelehnt ergibt sich die Definition für ein dynamisches System:

> „Ein dynamisches System stellt eine Funktionseinheit dar zur Verarbeitung und Übertragung von Signalen (z.B. in Form von Energie, Material, Information, Kapital und anderen Größen), wobei die Systemeingangsgrößen als Ursache und die Systemausgangsgrößen als deren zeitliche Auswirkung zueinander in Relation gebracht werden.“ /U1/

Die Systemausgangsgrößen werden als y(t), die Systemeingangsgrößen als u(t) bezeichnet. Sie sind nach /R2/ über einen so genannten Operator Φ miteinander verknüpft, welcher das Übertragungsverhalten des dynamischen Systems repräsentiert.

$$y(t) = \Phi(u(t)) \tag{2.1}$$

Abbildung 2.1 veranschaulicht grafisch den Zusammenhang zwischen der Systemeingangs- und der Systemausgangsgröße.

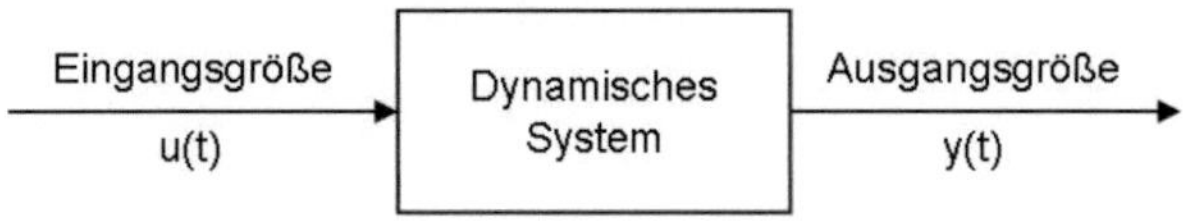

Abbildung 2.1: Darstellung eines dynamischen System in der Blockbilddarstellung /L8/

Diese Darstellungsform wird Blockdarstellung genannt. Sie wird häufig im Bereich der Regelungstechnik verwendet. Die Wirkungsrichtung des Systems ist vorgegeben. Das System wird als rückwirkungsfrei betrachtet, d.h. dass die Systemausgangsgröße y(t) keinen direkten Einfluss auf die Systemeingangsgröße u(t) hat. Treten Rückwirkungen im System auf, werden sie durch eigene Wirkungslinien mit entgegengesetzter Wirkungsrichtung eingetragen. Aufgrund der Wirkungsrichtung ergibt sich ein kausaler Zusammenhang zwischen Systemeingangs- und Systemausgangsgröße. Gilt für beliebige Linearkombinationen von y(t) und u(t) unter Verwendung des eingeführten Operators Φ das Superpositionsprinzip, wird das System als linear bezeichnet. Ist dies nicht erfüllt, wird das System als nichtlinear bezeichnet.

Wenn sich das Übertragungsverhalten eines dynamischen Systems mit Hilfe von Differentialgleichungen oder Differentialgleichungen und gewöhnlichen Gleichungen darstellen lässt, kann nach /D3/ durch Einführung von Zustandsgrößen $x_n(t)$ die Gleichungen in Zustandsform als ein System von Differentialgleichungen oder von Differentialgleichungen 1. Ordnung und gewöhnlichen Gleichungen umgeformt werden. Diese Zustandsform ist die gebräuchlichste Form der Beschreibung dynamischer Systeme. In vektorieller Schreibweise lautet sie:

$$\dot{x} = f(x, u, t) \tag{2.2}$$

$$y = g(x, u, t) \tag{2.3}$$

Ihr liegt nach /R2/ die Voraussetzung zugrunde, dass nichtlineare Differentialgleichungssysteme beliebiger Ordnung immer in einem Satz von expliziten Differentialgleichungen 1. Ordnung überführt werden können. Dies ist formal möglich, jedoch nicht immer sinnvoll, da es aufgrund der steigenden Komplexität ineffizient hinsichtlich der Lösungsfindung werden kann. Systeme werden daher auch durch andere Differentialgleichungen beschrieben, worauf allerdings erst später eingegangen wird.

Für lineare Systeme, wie sie häufig in der Regelungstechnik verwendet werden, können Gleichung (2.2) und (2.3) auch in Matrizenschreibweise dargestellt werden.

$$\dot{x}(t) = A\,x(t) + B\,u(t) \tag{2.4}$$

$$y(t) = C\,x(t) + D\,u(t) \tag{2.5}$$

Bei dieser Darstellung ist x(t) der (n × 1) Zustandsvektor, u(t) der (r × 1) Eingangs- oder Steuervektor, y(t) der (m × 1) Ausgangsvektor, A (n × n) die Systemmatrix, B die (n × r) Eingangs- oder Steuermatrix, C die (m × n) Ausgangsmatrix und D die (m × r) Durchgangsmatrix. Die Matrizen A, B, C und D lassen sich nach /R2/ wie folgt berechnen.

$$A = \left.\frac{\delta f(x,u)}{\delta x}\right|_{\substack{x=\bar{x}\\ u=\bar{u}}} \qquad B = \left.\frac{\delta f(x,u)}{\delta u}\right|_{\substack{u=\bar{u}\\ x=\bar{x}}}$$

$$C = \left.\frac{\delta g(x,u)}{\delta x}\right|_{\substack{x=\bar{x}\\ u=\bar{u}}} \qquad D = \left.\frac{\delta g(x,u)}{\delta u}\right|_{\substack{u=\bar{u}\\ x=\bar{x}}}$$

Mit der Beschreibung des Systems beispielsweise in Zustandsform wurde der Übergang von einem System hin zu einem Modell vollzogen. Ein Modell ist nach /D2/ die

> „mathematische oder physikalische Darstellung eines Systems oder Prozesses, die das System oder den Prozess auf Grund bekannter Gesetzmäßigkeiten, einer Identifikation oder getroffener Annahmen genügend genau abbildet."

Die Beschreibung eines Systems durch Gleichungen zählt dabei zu den mathematischen Modellen. Mathematische Modelle lassen sich nach /D2/ nach der wertemäßigen und zeitlichen Darstellung der Systemgrößen unterscheiden. Die Unterscheidung erfolgt in wertediskret und wertekontinuierlich sowie in zeitdiskret und zeitkontinuierlich. Darüber hinaus können Systeme durch ihre Ortsabhängigkeit in örtlich verteilte und örtlich konzentrierte Systeme unterteilt werden.

Mechatronische Systeme basieren auf physikalischen Grundgesetzen und werden daher als wertekontinuierliche, zeitkontinuierliche und aufgrund ihrer „geringen" räumlichen Ausdehnung als örtlich konzentrierte Systeme betrachtet. Ihr Übertragungsverhalten lässt sich nach /B7/ über die implizite, nichtlineare Zustandsform beschreiben.

$$F(x,\dot{x},u,t)=0 \quad \text{mit } x(t_0)=x_0 \tag{2.6}$$

$$y=g(x,u,t) \tag{2.7}$$

Grundlage für mathematische Modelle sind oft physikalische Modelle. Physikalische Modelle setzen sich aus idealisierten Elementen zusammen, die einen direkten Bezug zum realen System aufweisen. Für mechanische Systeme sind dies beispielsweise starre Körper, Federn oder Dämpfer. Bei hydraulischen Systemen hingegen sind dies Ventile, Schläuche, Pumpen oder Motoren, wohingegen bei elektrischen Systemen Widerstände, Induktivitäten oder Kapazitäten zum Einsatz kommen. Anhand der idealisierten Elemente lassen sich im Falle von mechanischen Systemen die Bewegungsgleichungen oder bei hydraulischen Systemen die Druckaufbaugleichungen erstellen, was den Übergang zu den mathematischen Modellen darstellt.

Die dargestellten Zusammenhänge zwischen realem System, physikalischem Modell und mathematischem Modell können als Vorarbeiten für die dynamische Untersuchung des Systems mit Hilfe der Simulation betrachtet werden. Diese schließt sich an das mathematische Modell an. **Abbildung 2.2** stellt den Zusammenhang für ein hydraulisches System noch einmal grafisch dar. Ausgehend von einem Radlader wird durch Modellbildung ein physikalisches Modell in diesem Fall der Hydraulik erstellt, aus dem sich die Gleichungen, in diesem Beispiel die Gleichungen für hydraulische Systeme in Form der Druckaufbaugleichung, für das mathematische Modell ergeben. Dieses mathematische Modell wird simuliert, um das dynamische Verhalten des Modells zu erhalten, was durch die Druckverläufe in den Zylindern auf Kolben- und Stangenseite dargestellt ist. Aufgabe des Anwenders ist die Interpretation der Simulationsergebnisse.

Nachdem nun auf die Begriffe System, dynamisches System und Modell eingegangen wurde, soll nachfolgend die bereits erwähnte Modellbildung im Hinblick auf mechatronische Systeme beschrieben werden. Eng mit der Modellbildung verknüpft ist die Simulation. **Abbildung 2.3** gibt daher einen Überblick über die Möglichkeiten zur Modellbildung und Simulation. Für die Einteilung der unterschiedlichen Modellbildungs- und Simulationsvarianten wird die Anzahl der verwendeten Programme für die Modellbildung und die Anzahl an Integratoren für die Simulation verwendet. Die Integratoren, oder auch Solver genannt, basieren auf numerischen Näherungsverfahren und werden im **Unterkapitel 2.4 Grundlagen der Numerik** näher beschrieben. Mit ihrer Hilfe werden die Differentialgleichungen der einzelnen Systeme gelöst.

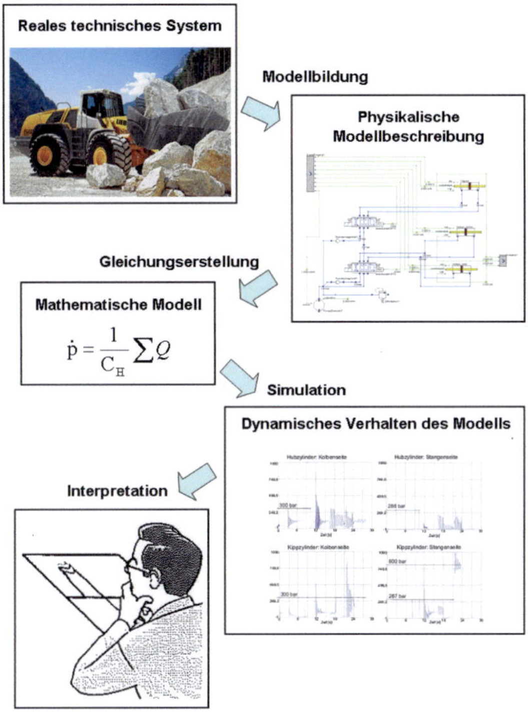

Abbildung 2.2: Vorgehen bei der Untersuchung eines hydraulischen Systems, angelehnt an /D6/ und /L6/

Bei dem in Abbildung 2.3 dargestellten Überblick über die Modellbildungs- und Simulationsmöglichkeiten ist für die Einteilung auf der Hochachse die Anzahl an Modellierungswerkzeugen und auf der Querachse die Anzahl an Integratoren dargestellt. Weiterführende Informationen zu den Modellbildungs- und Simulationsmöglichkeiten sind in /D5/ und /G5/ zu finden.

Die Modellbildung und Simulation in einem Simulationsprogramm wird als klassische Simulation bezeichnet. Diese Form der Simulation wird häufig in Unternehmen eingesetzt. Dabei werden spezialisierte Programme verwendet, die meist die Modellbildung mit Hilfe grafischer Benutzeroberflächen unterstützen. Der Anwender platziert hierbei die aus einer Bibliothek zur Verfügung gestellten Elemente entsprechend dem realen System auf einer Oberfläche und verbindet die einzelnen Elemente miteinander, so dass das jeweilige zu simulierende System entsteht. Hinter dem Symbol der grafischen Elemente verbirgt sich eine durch den Anbieter des Simulationsprogramms durchgeführte Programmierung, wodurch das Element mathematisch beschrieben wird. Es gibt hierbei auch Anbieter, die verschiedene Modellbeschreibungen für ein Symbol anbieten. Diese Modellbeschreibungen unterscheiden sich dann häufig in ihrem Detaillierungsgrad. Der Anwender muss dann für sich entscheiden, mit welchen Modell er simulieren möchte.

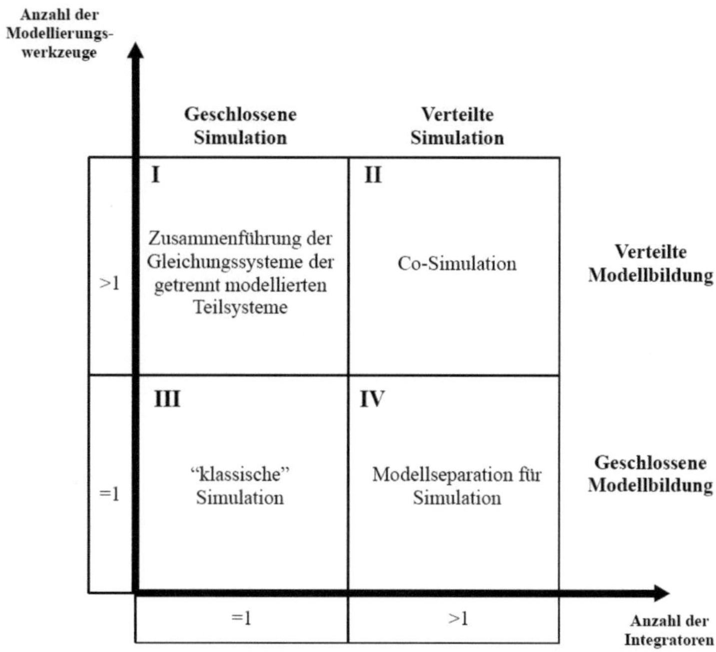

Abbildung 2.3: Modellbildungsvarianten (in Anlehnung an /G5/)

Nach der Festlegung der Modellbeschreibungen erzeugt das Simulationsprogramm die Differentialgleichungen des Systems. Dieser Vorgang wird Kompilieren genannt. Das Simulationsmodell muss anschließend durch den Anwender parametriert werden, um das Modell an das reale System anzupassen und anschließend simulieren zu können. Allerdings sind diese spezialisierten Programme für die Simulation mechatronischer Systeme nur bedingt geeignet, da ihre Modelle und Solver auf ein Fachgebiet hin entwickelt wurden. Aus diesem Grund wurden die spezialisierten Programme teilweise zu so genannten Multi-Domänen-Programmen weiterentwickelt, indem beispielsweise dem Anwender Programmbibliotheken aus verschiedenen Fachgebieten zur Verfügung gestellt werden. Dabei geht allerdings der Vorteil, der durch die Spezialisierung des Programms auf ein Fachgebiet vorhanden ist, ein Stück weit verloren.

Neben der klassischen Simulation besteht die Möglichkeit, mechatronische Systeme in Teilsysteme aufzuteilen und dann entweder die Teilsysteme verteilt zu modellieren und geschlossen zu simulieren oder die Teilsysteme in einem Programm zu modellieren und mit verschiedenen Solvern zu simulieren.

Im erstgenannten Fall wird für die Modellierung der Teilsysteme jeweils ein spezialisiertes Simulationsprogramm verwendet. Dies erleichtert die Modellerstellung. Anschließend wird ein Teilmodell als Code exportiert und die im Code enthaltenen Gleichungen in das zweite Teilsystem eingefügt. Berechnet wird das Gesamtmodell mit dem Solver des Programms, in welches der Code eingefügt wurde.

Im zweiten Fall wird das Gesamtsystem in einem Programm modelliert. Allerdings wird den einzelnen Teilsystemen jeweils ein Solver zugewiesen, der für das jeweilige Teilsystem am besten geeignet ist. In einem Programm rechnen mehrere Solver an der Lösung der Simulation. Ein Anwender hat somit im ersten Fall die Möglichkeit, fachgebietsspezifisch zu modellieren, aber nur bedingt fachgebietsspezifisch zu simulieren. Im zweiten Fall kann er fachgebietsspezifisch simulieren, aber nur bedingt fachgebietsspezifisch modellieren.

Um nun fachgebietsspezifisch modellieren und simulieren zu können, wurden Schnittstellen entwickelt, damit verschiedene Simulationsprogramme und somit auch verschiedene Fachgebiete miteinander gekoppelt werden können. Diese Simulationsform wird mit dem Begriff der Co-Simulation oder der gekoppelten Simulation bezeichnet, welche bereits in **Unterkapitel 1.1 Ausgangssituation** vorgestellt wurde und daher an dieser Stelle nicht noch einmal vollständig ausgeführt werden soll.

Im Folgenden wird die Erstellung der Differentialgleichungen anhand von drei Beispielen erläutert, um einen Einblick zu geben, welche Berechnungsprozesse im Hintergrund der Simulationsprogramme ablaufen. Als Beispiel wird ein mechanisches, ein elektrisches und ein hydraulisches System betrachtet und die jeweiligen Gleichungen aufgestellt. Betrachtet werden lineare kontinuierliche Systeme.

2.2 Beschreibung linearer kontinuierlicher Systeme

2.2.1 Mechanische Systeme

Die Beschreibung mechanischer Systeme durch Differentialgleichungen erfolgt mit Hilfe der Grundgesetze der Mechanik. Hierzu zählen nach /B3/ das Newtonsche Gesetz, Kräfte und Momentengleichgewichte sowie die Erhaltungssätze von Impuls, Drehimpuls und Energie. Am Beispiel eines in **Abbildung 2.4** dargestellten gedämpften Einmassenschwingers mit der Federrate c, der Dämpfung d und der Masse m soll die Differentialgleichung dieses mechanischen Systems hergeleitet werden.

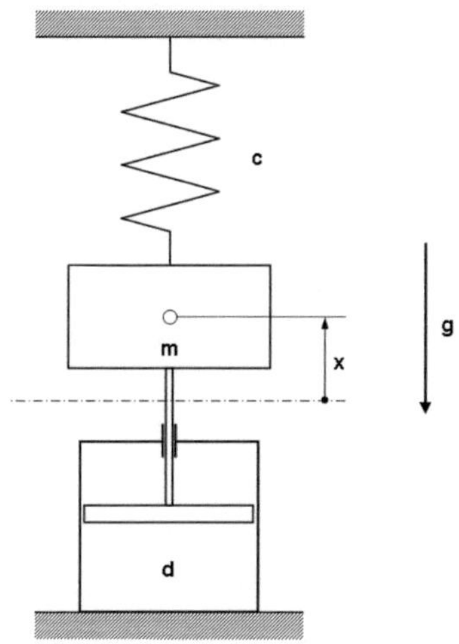

Abbildung 2.4: Gedämpfter Einmassenschwinger mit Federrate c und Dämpfung d nach /B3/

Die Masse m wird frei geschnitten und die Käftebilanz an der Masse gebildet. Es ergibt sich folgende Gleichung, bei der die Trägheitskraft F_T, die Dämpfungskraft F_D, die Federkraft F_F und die Gewichtskraft F_G im Gleichgewicht stehen.

$$F_T + F_D + F_F = F_G \,. \tag{2.8}$$

Werden die einzelnen Kräfte eingesetzt, ergibt sich eine Differentialgleichung 2. Ordnung des mechanischen Feder-Dämpfer-Elements.

$$m\ddot{x} + d\dot{x} + cx = mg \tag{2.9}$$

2.2.2 Elektrische Systeme

Die Grundelemente elektrischer Systeme sind Induktivitäten L, Kapazitäten C und Widerstände R. Aus diesen Grundelementen lassen sich elektrische Netzwerke aufbauen. Mit Hilfe der Kirchhoffschen Gesetze lassen sich die Differentialgleichungen für elektrische Gleichstromnetzwerke aufstellen. Nachfolgend sollen daher die Grundelemente elektrischer Systeme und die Kirchhoffschen Gesetze vorgestellt und am Beispiel eines RLC-Netzwerks die Differentialgleichung für das System aufgestellt werden.

Der elektrische Widerstand (Ohmscher Widerstand)

Der elektrische Widerstand R beschreibt nach /F7/ und /U2/ den Zusammenhang zwischen der Spannung U und dem Strom I. Es gilt:

$$R = \frac{U}{I}. \tag{2.10}$$

Der elektrische Widerstand ist somit eine Konstante, welche einen linearen Zusammenhang zwischen den Größen Spannung und Strom herstellt. Da der Widerstand analog zum hydraulischen Widerstand nur dämpfenden Einfluss auf das Schwingverhalten eines Schwingkreises hat und hier zunächst nur ungedämpfte Schwingkreise betrachtet werden sollen, wird auf eine vertiefende mathematische Beschreibung des elektrischen Widerstandes verzichtet.

Die elektrische Kapazität

Die elektrische Kapazität C verknüpft nach /U2/ die Spannungsänderung $\dot{u}$ mit dem Stromfluss i.

$$\dot{u} = \frac{1}{C} \cdot i(t) \tag{2.11}$$

Über die Integration von Gleichung (2.11) ergibt sich die elektrische Kapazität nach /F7/ als das Verhältnis der Ladung Q zur angelegten Spannung U.

$$C = \frac{Q}{U} \tag{2.12}$$

Die technische Umsetzung einer elektrischen Kapazität wird Kondensator genannt. Kondensatoren bestehen aus zwei Ladungsträgern, z.B. zwei Metallplatten, wovon ein Ladungsträger positiv und ein Ladungsträger negativ geladen ist. Die beiden Ladungsträger besitzen einen definierten Abstand zueinander, so dass ein elektrisches Feld zwischen beiden entstehen kann. Der Zwischenraum zwischen beiden Ladungsträgern kann durch verschiedene Medien, dem so genannten Dielektrikum, z.B. Luft oder Keramik, ausgefüllt werden, wodurch sich die so genannte Permittivität ε ändert und mit ihr die Kapazität des Kondensators. Die Kapazität eines Kondensators berechnet sich nach /F7/ zu

$$C = \varepsilon \cdot \frac{A}{l}, \tag{2.13}$$

wobei neben der Permittivität ε die Oberfläche A der Ladungsträger und der Abstand l der Ladungsträger Einfluss auf die Größe der Kapazität haben.

<u>Die elektrische Induktivität</u>

Die elektrische Induktivität L verknüpft nach /U2/ die elektrische Spannung U mit der Stromänderung $\dot{i}$.

$$u(t) = L \cdot \dot{i} \tag{2.14}$$

Grundsätzlich wird mit der Induktion das Phänomen beschrieben, dass in einen elektrischen Leiter ein Stromfluss induziert wird, wenn dieser in einem Magnetfeld bewegt wird bzw. dass durch einen Stromfluss ein magnetisches Feld induziert wird. Das Verhältnis aus dem sich ändernden Strom und der sich ändernden magnetischen Flussdichte wird als Induktion bezeichnet.

$$L = \frac{\dot{\Phi}}{\dot{i}} \tag{2.15}$$

Die technische Umsetzung einer elektrischen Induktivität findet sich in Spulen wieder. Deren Induktivität berechnet sich aus der Leiterlänge l, der Anzahl an Windungen n, der effektiven Permeabilität μ_e und der Querschnittsfläche A der Spule.

$$L = \frac{n^2 \cdot A \cdot \mu_e}{l} \tag{2.16}$$

<u>Das 1. Kirchhoffsche Gesetz (Knotenregel)</u>

Ein elektrisches Gleichstromnetzwerk besteht aus den oben beschriebenen Grundelementen, die über Knoten miteinander verbunden werden. Für jeden Knoten gilt nach /F7/, dass die Summe der zufließenden Ströme gleich der Summe der abfließenden Ströme ist, d.h. die Summe aller Ströme an einem Knoten ist gleich null.

$$\sum_{v=1}^{n} I_v = 0 \tag{2.17}$$

Das 2. Kirchhoffsche Gesetz (Maschenregel)

In einem Netzwerk fällt nach /F7/ über jedem Element eine Spannung ab. Das 2. Kirchhoffsche Gesetz besagt, dass die Summe aller Spannungen innerhalb einer Masche eines Netzwerks null ergeben muss.

$$\sum_{v=1}^{n} U_v = 0 \qquad (2.18)$$

Die Kirchhoffschen Gesetze wurden für Gleichstromnetzwerke vorgestellt. Sie besitzen nach /F7/ jedoch auch Gültigkeit für Sinusstromnetzwerke. Hierfür müssen jedoch an Stelle der reellen Größen U und I die komplexen Größen $\underline{I}$, $\underline{U}$, $\underline{Z}$ und $\underline{Y}$ zur Berechnung verwendet werden, wobei $\underline{Z}$ der komplexe Widerstand oder auch Impedanz und $\underline{Y}$ der komplexe Leitwert oder auch Admittanz sind.

Elektrisches Netzwerk

Im nachfolgenden aus /U2/ entnommenen und in **Abbildung 2.5** dargestellten Beispiel eines RLC-Wechselstromnetzwerks soll die Differentialgleichung des Systems anhand der Spannungsabfälle über jedem Element ermittelt werden. Am System liegt eine Erregerspannung u(t) an.

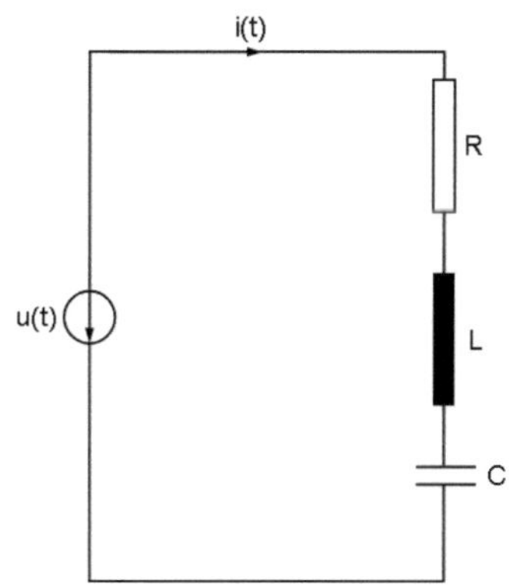

Abbildung 2.5: Skizze eines einfachen elektrischen Netzwerks, angelehnt an /U2/

Nach dem 2. Kirchhoffschen Gesetz ergibt sich u(t) als Summe der Spannungen über den Widerstand R, der Kapazität L und der Kapazität C.

$$u(t) = u_R(t) + u_L(t) + u_C(t) \qquad (2.19)$$

Durch Einsetzen der Gleichungen (2.10), (2.14) und (2.11) in Gleichung (2.19) folgt daraus

$$u(t) = R \cdot i + L \cdot \dot{i} + \frac{1}{C} \cdot \int i \, dt, \tag{2.20}$$

woraus sich durch Ableitung Gleichung (2.21) ergibt.

$$\dot{u} = R \cdot \dot{i} + L \cdot \ddot{i} + \frac{1}{C} \cdot i \tag{2.21}$$

2.2.3 Hydraulische Systeme

Die Differentialgleichung zur Beschreibung hydraulischer Systeme wird anhand eines hydraulischen Netzwerks berechnet, welches aus hydraulischen Widerständen R_H, hydraulischen Kapazitäten C_H und hydraulischen Induktivitäten L_H besteht. Diese Begriffe sollen daher zunächst erläutert werden.

Der hydraulische Widerstand

Der hydraulische Widerstand R_H beschreibt den Zusammenhang zwischen der Druckdifferenz Δp und dem Volumenstrom Q. Hydraulische Widerstände sind beispielsweise Blenden oder Drosseln, aber auch Rohrleitungen und Krümmer, wobei Blenden eine Sonderform des hydraulischen Widerstands darstellen, da bei Blenden kein linearer Zusammenhang zwischen Druck und Volumenstrom gegeben ist. Der hydraulische Widerstand gibt entweder an, welche Druckdifferenz benötigt wird, einen Widerstand zu überströmen oder welcher Druckverlust bei einem bestimmten Volumenstrom erzeugt wird. Der hydraulische Widerstand berechnet sich laut /M13/ wie folgt:

$$R_H = \frac{\Delta p}{Q}. \tag{2.22}$$

Für ein Rohr ergibt sich der hydraulische Widerstand zu

$$R_H = \frac{8 \cdot \eta \cdot l}{\pi \cdot r^4}, \tag{2.23}$$

wobei r der Rohrdurchmesser, l die Rohrlänge und η die dynamische Viskosität sind. Analog ergibt sich für einen Rechteckspalt folgender hydraulischer Widerstand.

$$R_H = \frac{12 \cdot \eta \cdot l}{b \cdot h^3} \tag{2.24}$$

Die Breite b des Rechteckspalts ist dabei deutlich größer als seine Höhe h, ebenso beträgt die Länge l mehr als das Hundertfache der Höhe h.

Wie bereits erwähnt, unterscheidet sich die Beschreibung einer Blende von der einer Drossel. Der Zusammenhang des Volumenstromes und des Drucks ist wurzelförmig. Der Volumenstrom über eine Blende berechnet sich nach /M13/ zu

$$Q = \alpha_D \cdot A_0 \cdot \sqrt{\frac{2 \cdot \Delta p}{\rho}}. \tag{2.25}$$

α_D entspricht dabei dem Blendenbeiwert, dessen Werte üblicherweise zwischen 0,6 – 0,8 liegen. A_0 ist die Querschnittsfläche der Blende und ρ die Dichte des durchströmenden Mediums.

Die hydraulische Kapazität

Aufgrund der elastischen Eigenschaften des Fluids, der Schläuche, Rohrleitungen und sonstigen Gehäuse ist es möglich, bei einer Druckänderung Δp ein Zusatzvolumen ΔV in ein bereits vorhandenes Volumen V_0 einzubringen. Diese Eigenschaft wird als hydraulische Kapazität bezeichnet in Analogie zum elektrischen Kondensator, der aufgrund einer höheren Spannung mehr Ladung speichern kann. /M8/

Die hydraulische Kapazität C_H berechnet sich nach /M8/ und /W1/ zu

$$C_H = \frac{dV}{dp} = \frac{Q}{\dot{p}} \tag{2.26}$$

Die hydraulische Kapazität C_H verknüpft die Druckänderung in einem System mit den in das System hinein oder heraus fließenden Volumenströmen. Diese Gleichung stellt daher die Berechnungsgrundlage hydraulischer Systeme mit konzentrierten Parametern dar. Aus diesem Grund soll die Gleichung als Druckaufbaugleichung erneut formuliert werden.

$$\dot{p} = \frac{1}{C_H} \sum_i Q_i \tag{2.27}$$

Für einen hydraulischen Volumenkoten V_0 mit dem Ersatzkompressionsmodul des Öls $E_{Öl}'$ kann die hydraulische Kapazität entsprechend Gleichung (2.28) angegeben werden als

$$C_H = \frac{V_0}{E_{Öl}'}. \tag{2.28}$$

Die hydraulische Induktivität

Mit der hydraulischen Induktivität werden alle Phänomene in hydraulischen Systemen bezeichnet, die mit der Trägheit von Massen zusammen hängen. Dies können neben Massen von Linearantrieben und Trägheitsmomenten von Rotationsantrieben auch

Flüssigkeitsmassen in Schlauch- oder Rohrleitungen sein. Die hydraulische Induktivität beschreibt dabei die Beschleunigung einer Masse aufgrund einer anliegenden Druckdifferenz und wird durch folgende Gleichung nach /M13/ ausgedrückt:

$$L_H = \frac{\Delta p}{\dot{Q}} \tag{2.29}$$

Entsprechend dieser Grunddefinition lassen sich nach /M13/ für die oben genannten Massen die einzelnen Induktivitäten ableiten:

$$L_H = \frac{\rho \cdot l}{A} \quad \text{Induktivität einer Rohrleitung} \tag{2.30}$$

$$L_H = \frac{m}{A_K^2} \quad \text{Induktivität eines Linearmotors} \tag{2.31}$$

$$L_H = \frac{J_M}{\left(\frac{V}{2\pi}\right)^2} \quad \text{Induktivität eines Rotationsmotors} \tag{2.32}$$

Nach der Beschreibung der Elemente hydraulischer Netzwerke soll nun die Differentialgleichung für ein solches Netzwerk hergeleitet werden. Die Herleitung findet sich in /G4/.

Hydraulisches Netzwerk

Im nachfolgenden aus /G4/ entnommenen Beispiel soll der Druckaufbau in dem in **Abbildung 2.6** dargestellten hydraulischen Netzwerk berechnet werden, welches aus einer Induktivität, einer Kapazität und einem Widerstand besteht. Der Druckaufbau soll für den Fall berechnet werden, dass zu Beginn das 2/2-Wegeventil schlagartig geöffnet wird. Als Grundlage für die Berechnung des Druckaufbaus dient die Druckaufbaugleichung nach Gleichung (2.27).

$$\dot{p} = \frac{1}{C_H} \sum_i Q_i$$

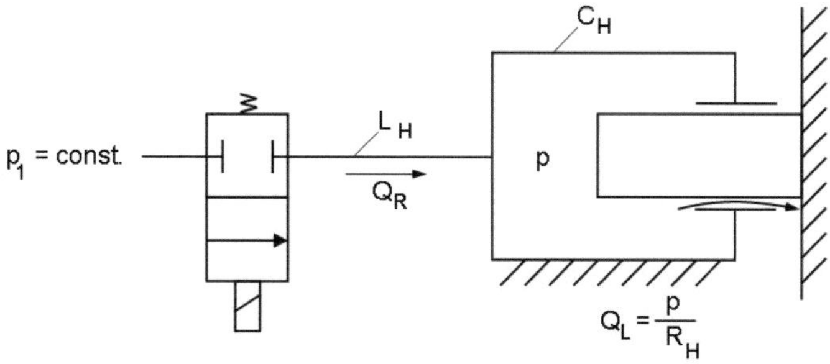

Abbildung 2.6: Skizze eines einfachen hydraulischen Netzwerks nach /G4/

Der Druckaufbau in einem System wird durch Bilanzierung von Volumenströmen berechnet, die in eine betrachtete Kapazität ein bzw. aus ihr heraus fließen. In die Kapazität C_H fließt der Volumenstrom Q_R der Rohrleitung. Aufgrund der Fluidmasse in der Rohrleitung besitzt diese eine Induktivität L_H. Für die Rohrleitung ergibt sich somit unter Verwendung von Gleichung (2.29)

$$p_1 - p = L_H \cdot \dot{Q}_R , \tag{2.33}$$

woraus sich durch Integration der Volumenstrom aus der Rohrleitung berechnen lässt.

$$Q_R = \frac{1}{L_H} \cdot \int (p_1 - p)\,dt \tag{2.34}$$

Aus der Kapazität tritt der Leckverlust Q_L aus. Er wird als Verlustvolumenstrom über eine Drosselstelle betrachtet und berechnet sich nach Gleichung (2.22) zu

$$Q_L = \frac{p}{R_H} . \tag{2.35}$$

Durch Einsetzen der Gleichungen (2.34) und (2.35) in Gleichung (2.36) ergibt sich für die Druckänderung im System:

$$\dot{p} = \frac{1}{C_H} \cdot \left[\frac{1}{L_H} \cdot \int (p_1 - p)\,dt - \frac{p}{R_H} \right] \tag{2.36}$$

Durch Ableiten und Umstellen ergibt sich für das in Abbildung 2.6 dargestellte hydraulische Netzwerk die Differentialgleichung zu:

$$\ddot{p} + \frac{1}{R_H \cdot C_H} \cdot \dot{p} + \frac{1}{C_H \cdot L_H} \cdot p = \frac{1}{C_H \cdot L_H} \cdot p_1 \tag{2.37}$$

Die Beispiele zeigen die mathematische Beschreibung der unterschiedlichen Systeme durch gewöhnliche lineare Differentialgleichungen. Nichtlineare Differentialgleichungen entstehen beispielsweise in der Mechanik durch Verwendung einer kubischen Federkennlinie. Darüber hinaus können Systeme auch durch Differential-Algebraische Gleichungen (DAE) beschrieben werden. In diesem Fall wird dann die gewöhnliche lineare oder nichtlineare Differentialgleichung durch eine so genannte Zwangsbedingung erweitert. Am Beispiel des mathematischen Pendels sollen die Differential-Algebraischen Gleichungssysteme vorgestellt werden.

2.3 Differential-Algebraische Gleichungssysteme (DAEs)

Die Abkürzung DAE ergibt sich aus Differential-Algebraic Equation, was der englischen Bezeichnung für Differential-Algebraische Gleichungen entspricht. Die DAEs stellen eine Erweiterung der bisher behandelten gewöhnlichen Differentialgleichungen dar, deren Lösung entsprechend eines vorgegebenen Anfangswertproblems erläutert wurde. Als Erweiterung werden Zwangsbedingungen eingeführt, wodurch einzelne Zustandsgrößen miteinander und/oder mit den Änderungen der Zustandsgrößen verknüpft werden. Einen Überblick über DAEs und ihre Eigenschaften gibt /G2/.

Zwangsbedingungen entstehen bei der Modellbildung technischer Systeme. Als einfaches Beispiel sei hier das in /G6/ beschriebene mathematische Pendel genannt. Die Zustandsgrößen in x- und y-Richtung sind über die unveränderliche Stablänge miteinander verknüpft, das Pendel selbst hat den Freiheitsgrad φ.

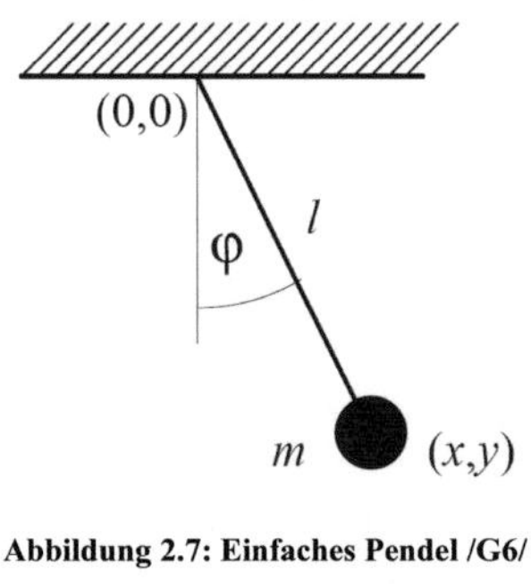

Abbildung 2.7: Einfaches Pendel /G6/

Für die Bewegungsgleichung ergibt sich folgender Zusammenhang:

$$\ddot{\varphi} = -\frac{g}{l}\sin\varphi \tag{2.38}$$

Die nicht-reduzierten Bewegungsgleichungen lauten:

$$m\ddot{x} = Q_x, \tag{2.39}$$

$$m\ddot{x} = Q_y - mg \tag{2.40}$$

wobei Q die Stabkraft darstellt.

$$Q = \begin{bmatrix} Q_x \\ Q_y \end{bmatrix} = -\frac{q}{l}\begin{bmatrix} x \\ y \end{bmatrix} \tag{2.41}$$

Die kinematische Nebenbedingung ergibt sich zu

$$x^2 + y^2 = l^2, \tag{2.42}$$

wodurch sich folgendes DAE-System ableiten lässt:

$$\begin{aligned} \dot{x} &= v_x \\ \dot{v}_x &= -\frac{q}{m \cdot l} \cdot x \\ \dot{y} &= v_y \\ \dot{v}_y &= -\frac{q}{m \cdot l} \cdot y - g \\ 0 &= x^2 + y^2 - l^2 \end{aligned} \tag{2.43}$$

DAEs lassen sich nach /B3, S1, P1/ mit Hilfe der Lagrange-Gleichungen erster Art beschreiben. Die Summe aus eingeprägten Kräften, Trägheitskräften und Zwangskräften muss null ergeben:

$$\vec{F}_e + \vec{F}_t + G^T(x) \cdot \lambda = 0, \tag{2.44}$$

wobei $\vec{F}_e$ die eingeprägten Kräfte, $\vec{F}_t$ die Trägheitskräfte, G(x) der $\operatorname{grad} \vec{g}$, g(x) die holonomen skleronomen Zwangsbedingungen und λ der Lagrange-Operator sind.

Als Bewegungsgleichungen 1. Art ergeben sich somit folgende Gleichungen:

Index-3-DAE

$$\begin{aligned} \dot{x} &= v \\ M(x) \cdot \dot{v} &= k(x, y, t) + G(x)^T \cdot \lambda \\ 0 &= g(x) \end{aligned} \tag{2.45}$$

Die obige Darstellung wird auch als Index-3-DAE bezeichnet. Ihre numerische Berechnung ist sehr schwierig, da sich Fehler aufgrund der Berechnungsvorschrift verstärken und selbst stabile numerische Verfahren keine brauchbaren Ergebnisse mehr liefern können. Aus diesem Grund wird versucht, durch Ableiten der Zwangsbedingung nach der Zeit, gewöhnliche Differentialgleichungen zu erzeugen. Es ergeben sich die Index-2-DAE, die Index-1-DAE sowie die gewöhnlichen Differentialgleichungen.

Index-2-DAE

$$\begin{aligned} \dot{x} &= v \\ M(x)\cdot\dot{v} &= k(x,y,t) + G(x)^{T}\cdot\lambda \\ 0 &= G(x)\cdot v; \quad \frac{d}{dt}\vec{g}(\vec{x}) = \vec{0} \end{aligned} \tag{2.46}$$

Die Index-2-DAE weißt ebenso instabiles Verhalten wie die Index-3-DAE auf. Auch hier wird ein auftretender Fehler verstärkt. Aus diesem Grund wird versucht, nicht mit diesem Gleichungstyp zu rechnen.

Index-1-DAE

$$\begin{aligned} \dot{x} &= v \\ M(x)\cdot\dot{v} &= k(x,y,t) + G(x)^{T}\cdot\lambda \\ 0 &= G(x)\cdot M^{-1}(x)\cdot(k(x,y,t) + G(x)^{T}\cdot\lambda) + \bar{\bar{g}}(x,v); \quad \frac{d^2}{dt^2}\vec{g}(\vec{x}) = \vec{0} \end{aligned} \tag{2.47}$$

ODE

$$\begin{aligned} \dot{x} &= v \\ M(x)\cdot\dot{v} &= k(x,y,t) + G(x)^{T}\cdot\lambda \\ \dot{\lambda} &= \frac{d}{dt}[(GM^{-1}G^{T})^{-1}(GM^{-1}k(x,v,t) + \bar{\bar{g}}(x,v))] \end{aligned} \tag{2.48}$$

Die Index-1-DAE zeigt dahingehend ein stabiles Verhalten, dass ein auftretender Fehler nicht verstärkt wird. Allerdings kann es trotz konsistenter Anfangszustände zum Zeitpunkt $t = 0$ zu numerischen Problemen kommen. Dabei werden die Zwangsbedingungen nicht mehr erfüllt. Hierfür muss eine Stabilisierung eingeführt werden, bei der die errechnete Lösung auf die Bindungsfläche projiziert und somit der exakten Lösung angenähert wird.

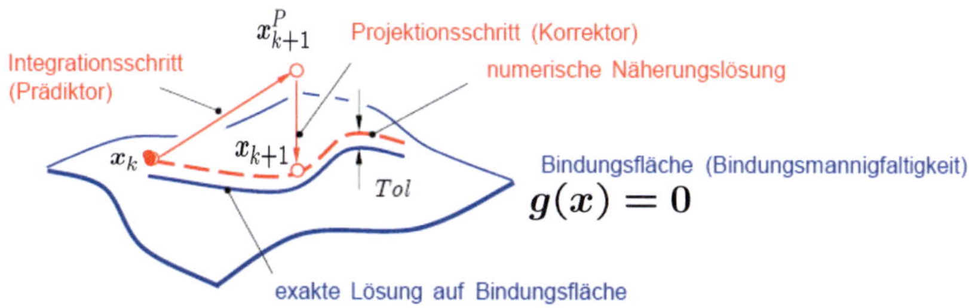

Abbildung 2.8: Stabilisierung von Differential-Algebraischen Gleichungen /P3/

Die bisher beschriebenen und durch die Modellbildung entstandenen Gleichungen müssen nun mit Hilfe der Simulation gelöst werden. Hierfür werden die Differentialgleichungen höherer Ordnung auf ein System von Differentialgleichungen 1. Ordnung überführt. Diese Differentialgleichungen 1. Ordnung werden durch numerische Näherungsverfahren, auch Integratoren oder Solver genannt, gelöst. Aus diesem Grund sollen die Grundlagen der Numerik nachfolgend vorgestellt werden.

2.4 Grundlagen der Numerik

Die Simulation erfolgt mit Hilfe numerischer Näherungsverfahren, da Computer keine kontinuierlichen Modelle, sondern lediglich diskrete Modelle verarbeiten können. Es gilt daher, das mathematisch beschriebene System zu diskretisieren. Dieses diskrete Modell lässt sich mit Hilfe geeigneter Intergrationsverfahren berechnen. Die Integrationsverfahren lassen sich nach /P2/ wie folgt klassifizieren:

- Nach der Integrationsart
  - Explizite Verfahren
  - Implizite Verfahren
- Nach der Anzahl an Stützstellen
  - Einschrittverfahren
  - Mehrschrittverfahren.

Als Beispiel für das zu berechnende Modell soll nach /S8/ nachfolgende, kontinuierliche Beschreibung eines Systems gewählt werden.

$$\dot{y}(t) = f(t, y(t)) \text{ mit den Anfangsbedingungen } y\,(t_0) = y_0 \text{ für } t \geq t_0$$

Die Diskretisierung erfolgt mit dem Übergang zu den Zeitschritten t_n und t_{n+1}. Gelingt es nun, für diese beiden Zeitschritte die Lösung dieser Gleichung zu erarbeiten, so ist das System für alle n lösbar. Hierfür wird zunächst eine Integration von t_n nach t_{n+1} durchgeführt. Als Ergebnis ergibt sich

$$y_{n+1} = y_n + \int_{t_n}^{t_{n+1}} f(t, y(t))dt. \tag{2.49}$$

Ziel ist es nun, das Integral auf der rechten Seite zu approximieren. Hiefür gibt es verschiedene Möglichkeiten, die nachfolgend dargestellt werden sollen. Dabei stellt dieser Überblick nur einen Teil der numerischen Verfahren dar. Weitere Informationen finden sich in /B7/, /B8/, /F6/, /G2/, /G3/, /G6/, /H3/, /S8/, /S10/, /S11/.

2.5 Numerische Näherungsverfahren (Solver)

Die Approximation des Intergrals auf der rechten Seite der Gleichung (2.49) lässt sich mit Hilfe von Integrationsformeln durchführen, die beispielsweise auf dem Newton-Verfahren beruhen. Dies führt unter anderem auf die Euler-Verfahren./S8/

Eine weitere Möglichkeit besteht darin, das Integral mit Hilfe der Polynominterpolation anzunähern und anschließend das Polynom zu integrieren. Dies führt beispielsweise auf die Adams-Verfahren. /G6/

Ein anderer Ansatz besteht darin, nicht das Integral auf der rechten Seite zu bestimmen, sondern die linke Seite von Gleichung (2.49) mit Hilfe der numerischen Differentiation anzunähern. Die Gear-Verfahren sind ein Vertreter dieses Lösungsansatzes. /G2/

2.5.1 Numerische Einschrittverfahren

Das Integral auf der rechten Seite der Gleichung (2.49) lässt sich mit Hilfe einer Rechtecksfläche approximieren. Wird zur Berechnung des Flächeninhalts der Wert von y an der Stelle t_n verwendet, ergibt sich eine explizite Berechnungsvorschrift für y_{n+1}. Wird hingegen der Wert von y an der Stelle t_{n+1} verwendet, erfolgt die Bestimmung von y_{n+1} implizit.

Euler explizit

$$y_{n+1} = y_n + f(t_n, y_n) \cdot h \tag{2.50}$$

mit $h = t_{n+1} - t_n$ = Schrittweite

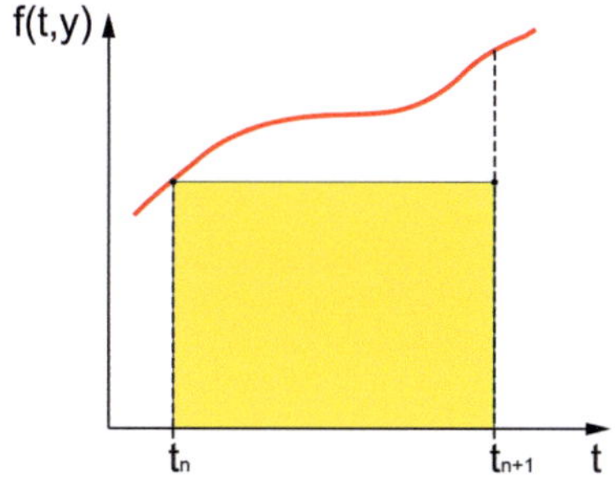

Abbildung 2.9: Euler explizit /G6/

Euler implizit

$$y_{n+1} = y_n + f(t_{n+1}, y_{n+1}) \cdot h \tag{2.51}$$

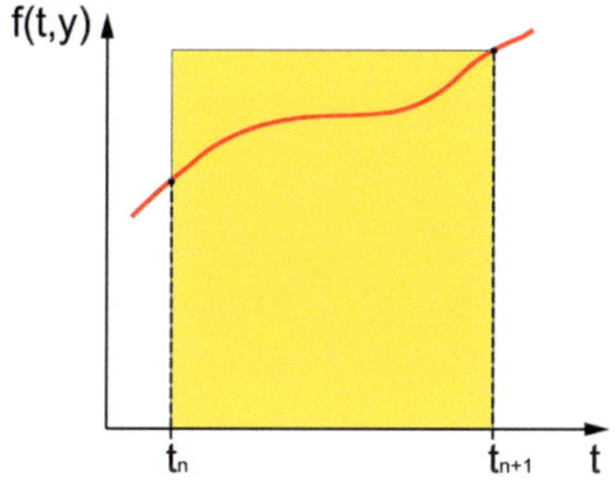

Abbildung 2.10: Euler implizit /G6/

Anstelle einer Rechtecksfläche kann auch eine Trapezfläche zur näherungsweisen Berechnung der Fläche unter der Kurve verwendet werden. Hierfür werden die Funktionswerte an den Stellen t_n und t_{n+1} ausgewertet. Dieses Verfahren führt somit ebenfalls auf ein implizites Berechnungsverfahren, da für die Berechnung des Integrals der Funktionswert an der Stelle t_{n+1} verwendet wird.

Trapezregel

$$y_{n+1} = y_n + \left(f(t_{n+1}, y_{n+1}) + f(t_n, y_n)\right) \cdot h/2 \tag{2.52}$$

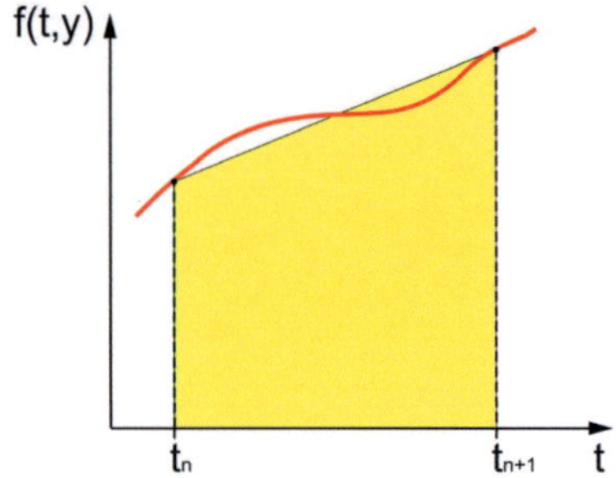

Abbildung 2.11: Trapezregel /G6/

Die bisher dargestellten impliziten und expliziten Verfahren sind so genannte Einschrittverfahren, da für die Berechnung des nächsten Integrationsschrittes nur das Ergebnis aus dem vorhergehenden Zeitschritt erforderlich ist. Nachfolgend sollen daher ausgewählte Beispiele für Mehrschrittverfahren dargestellt werden.

2.5.2 Numerische Mehrschrittverfahren

Das Integral auf der rechten Seite aus Gleichung (2.49) kann mit Hilfe einer Polynominterpolation angenähert werden. Der Grundgedanke ist hierbei, dass die Ausgangsfunktion aufgrund der Diskretisierung nur noch an den Stützstellen bekannt ist. Mit Hilfe der Polynominterpolation wird nun versucht, den ursprünglichen Kurvenverlauf zu approximieren. Das Integral des Polynoms lässt sich anschließend analytisch lösen. Die Berechnungsvorschrift für die Integralapproximation lautet:

$$\int_{t_n}^{t_{n+1}} f(t, y(t))\,dt = \int_{t_n}^{t_{n+1}} p(t)\,dt \tag{2.53}$$

Das Polynom p(t) lässt sich beispielsweise mit Hilfe der Lagrange'schen Interpolationsformel ermitteln. Hierbei werden die einzelnen Faktoren des Polynoms aus der Differenz der einzelnen Zeitschritte ermittelt.

a) Lagrange'sche Interpolation

$$p(t) = \sum_{j=0}^{k-1} f(t_{n-j}, y_{n-j}) \frac{\prod_{\substack{i=0 \\ i \neq j}}^{k-1} (t - t_{n-i})}{\prod_{\substack{i=0 \\ i \neq j}}^{k-1} (t_{n-j} - t_{n-i})} \tag{2.54a}$$

Die Lagrange-Interpolation ist auf k Stützstellen beschränkt. Da für die Berechnung nicht nur Werte aus dem letzten Zeitschritt, sondern k-Werte verwendet werden, wird von einem k-Mehrschrittverfahren für k>1 gesprochen. Die höchste Ordnung von y ist n, somit handelt es sich um ein explizites Verfahren. Für k=1 ergibt sich das explizite Euler-Verfahren.

Die Lagrange-Interpolation gehört zu den so genannten Adams-Verfahren. Im Speziellen wird dieses Verfahren Adams-Bashforth-Verfahren genannt. Nachteil dieses Verfahrens ist, dass für die Interpolation lediglich Stützstellen verwendet werden, die vor dem Integrationsintervall liegen. Es handelt sich bei dem Verfahren daher eher um eine Extrapolation als um eine Interpolation. Aus diesem Grund wird die Interpolationsformel um eine Stützstelle auf k+1 erweitert. Somit erhöht sich die höchste Ordnung von y auf n+1, wodurch ein implizites Verfahren entsteht. Dieses Verfahren wird Adams-Bashforth-Moulton-Verfahren genannt. Die Interpolationsformel nach Lagrange lautet:

b) Lagrange'sche Interpolation

$$p(t) = \sum_{j=-1}^{k-1} f(t_{n-j}, y_{n-j}) \frac{\prod_{\substack{i=-1 \\ i \neq j}}^{k-1} (t \quad t_{n-i})}{\prod_{\substack{i=-1 \\ i \neq j}}^{k-1} (t_{n-j} - t_{n-i})} \tag{2.54b}$$

Für k=1 ergibt sich das implizite Euler Verfahren, für k=2 die Trapezregel.

Differenzenverfahren

Als dritter Ansatz zur Berechnung von Gleichung (2.49) stehen numerische Differenzenverfahren zur Verfügung. Hierbei wird nicht versucht, das Integral auf der rechten Seite zu berechnen, sondern die Ableitung auf der linken Seite zu bestimmen. Die linke Seite wird dabei mittels des nachfolgenden Polynoms bestimmt. /G2/

$$\sum_{i=0}^{k} \alpha_i \, y_{n+1-i} \tag{2.55}$$

Bei entsprechend gewählten Koeffizienten für α ($\alpha_0 = 1/h$, $\alpha_1 = -1/h$, $k = 1$) und entsprechend gewählter rechter Seite ergibt sich beispielsweise das implizite Euler-Verfahren.

$$\frac{y_{n+1} - y_n}{h} = f(t_{n+1}, y_{n+1}) \tag{2.56}$$

Bekannteste Vertreter dieser Berechnungsmethoden sind die Gear-Verfahren. Im Gegensatz zu den Adams-Verfahren, bei denen zur Berechnung des nächsten Funktionswertes die Funktionswerte aus den vorangegangenen Berechnungen zur Verfügung stehen müssen, werden bei den Gear-Verfahren die Zustandsgrößen aus den vorangegangenen Berechnungen verwendet.

Die bisher dargestellten Verfahren führen entweder auf ein explizites oder implizites Berechnungsverfahren. Gerade implizite Verfahren sind in ihrer Handhabung schwierig, da sie nur iterativ gelöst werden können. Aus diesem Grund wurden die Prädiktor-Korrektor-Verfahren entwickelt.

Prädiktor-Korrektor-Verfahren

Bei den Prädiktor-Korrektor-Verfahren werden implizite und explizite Verfahren miteinander gekoppelt. Es wird ein explizites Verfahren verwendet, um einen Wert für y_{n+1} zu bestimmen. Dieser Wert wird anschließend in ein implizites Verfahren eingesetzt. Im Endeffekt entsteht dadurch ein explizites Verfahren. Am Verfahren nach Heyn, welches eine Kombination des expliziten Euler-Verfahrens und der Trapezregel darstellt, soll diese Verfahrensklasse kurz erläutert werden. /P1, G4, H1/

$$y_{n+1}^{(1)} = y_n + f(t_n, y_n) \cdot h \tag{2.57}$$

$$y_{n+1} = y_n + (f(t_{n+1}, y_{n+1}^{(1)}) + f(t_n, y_n)) \cdot h/2 \tag{2.58}$$

In einem ersten Schritt wird über die Berechnungsvorschrift Euler explizit eine Näherung für y_{n+1} ermittelt. Diese Näherung wird in einem zweiten Schritt in die Trapezregel eingesetzt und y_{n+1} berechnet. Für diese Vorgehensweise wird nun noch eine andere Notation verwendet.

Notation:

$$y_{n+1} = y_n + 1/2 \cdot \left(k_n^{(1)} + k_n^{(2)}\right) \tag{2.59}$$

$$k_n^{(1)} = h \cdot f(t_n, y_n)$$

$$k_n^{(2)} = h \cdot f(t_n + h, y_n + k_n^{(1)})$$

Der bekannteste Vertreter der Prädiktor-Korrektor-Verfahren ist das Runge-Kutta-Verfahren, dessen Notation wegen seiner in der Praxis breiten Anwendung nachfolgend dargestellt werden soll.

Notation Runge-Kutta-Verfahren:

$$y_{n+1} = y_n + 1/6 \cdot \left(k_n^{(1)} + 2 \cdot k_n^{(2)} + 2 \cdot k_n^{(3)} + k_n^{(4)}\right) \tag{2.60}$$

$$k_n^{(1)} = h \cdot f(t_n, y_n)$$

$$k_n^{(2)} = h \cdot f(t_n + h/2, y_n + k_n^{(1)}/2)$$

$$k_n^{(3)} = h \cdot f(t_n + h/2, y_n + k_n^{(2)}/2)$$

$$k_n^{(4)} = h \cdot f(t_n + h, y_n + k_n^{(3)})$$

Für das Runge-Kutta-Verfahren werden vier Funktionsauswertungen benötigt. Es handelt sich somit um ein explizites Mehrschrittverfahren.

Die vorgestellten impliziten und expliziten Ein- bzw. Mehrschrittverfahren unterscheiden sich hinsichtlich Lösungsfindung und Ergebnisqualität. Aus diesem Grund gilt es Bewertungskriterien zu definieren, um für ein zu lösendes Problem den passenden Solver auszuwählen. Diese Bewertungskriterien werden nachfolgend dargestellt.

2.6 Eigenschaften numerischer Näherungsverfahren

Die zentralen Begriffe für die mathematische Behandlung von Näherungsmethoden zur Lösung von Differentialgleichungen sind laut /S11/ die Konsistenz, die Konvergenz und die Stabilität. Die Grundlage der näherungsweisen Lösung der Differentialgleichung ist, dass die Approximation der Differentialgleichung und der Anfangswerte Lösungen der zugehörigen Gleichungen liefern, die wiederum eine Approximation der gesuchten Lösung der Differentialgleichung ist. Der Begriff der Konsistenz präzisiert dabei die Approximation der Anfangswertaufgabe. Die Konvergenz liegt bei Einschrittverfahren vor, wenn das Verfahren konsistent zur Anfangswertaufgabe und Lipschitz-stetig ist. Die Lipschitzstetigkeit gewährleistet darüber hinaus die Stabilität des Einschrittverfahrens.

Konsistenz und Konvergenz sind nach /P2/ die zwei Kriterien, mit deren Hilfe das numerische Näherungsverfahren bewertet werden kann. Zum einen muss für die Konsistenz der Fehler betrachtet werden, der bei der Diskretisierung gemacht wird sowie dessen Fehlerfortpflanzung. Zum anderen muss die Stabilität des numerischen Näherungsverfahrens überprüft werden, ob das gewählte Verfahren zu einer Lösung führt. Zunächst sollen die Fehlerarten beschrieben werden.

2.6.1 Fehlerarten bei den numerischen Näherungsverfahren

Es gibt nach /F1, P1, S1/ zwei Fehlerarten bei der numerischen Simulation, der globale und der lokale Diskretisierungsfehler. Der lokale Diskretisierungsfehler l(h) ist ein Maß dafür, welcher Fehler in jedem Zeitschritt bei der Berechnung der Näherungslösung des Differenzenquotienten gegenüber der analytisch exakten Lösung des Differenzenquotienten gemacht wird. Der lokale Diskretisierungsfehler ist abhängig von der gewählten Schrittweite h und soll nach Möglichkeit mit abnehmender Schrittweite ebenfalls kleiner werden. Ziel ist eine infinitesimal kleine Schrittweite, die real jedoch nicht erreicht werden kann. Daher ist die Beschränktheit des lokalen Diskretisierungsfehlers zu zeigen.

Aus diesem Grund wird als Bewertungskriterium der Quotient aus dem lokalen Diskretisierungsfehler l(h) und der Schrittweite h eingeführt, wobei die Schrittweite noch mit einer Konsistenzordnung p versehen wird. Wenn dieser Quotient kleiner oder gleich einer vorher definierten Konstante ist, ist die Beschränktheit gezeigt.

$$\frac{l(h)}{h^p} \leq C \quad \Rightarrow \quad l(h) \leq h^p \tag{2.61}$$

Folgt das Diskretisierungsschema der oben dargestellten Gleichung (2.61), wird das Verfahren konsistent zur Ordnung p genannt, wobei für p positive ganze Zahlen eingesetzt werden. Aus Gleichung (2.61) geht hervor, dass sich eine hohe Konsistenzordnung und eine kleine Schrittweite positiv auf den lokalen Diskretisierungsfehler auswirken.

Die Konsistenzordnung eines numerischen Näherungsverfahrens ist von der Anzahl der Funktionsauswertungen abhängig, die für die Berechung der Näherungslösung benötigt werden. Die Art des Verfahrens (implizit/explizit) hat keinen Einfluss auf die Konsistenzordnung. Für die bisher beschriebenen Verfahren ergeben sich somit folgende Konsistenzordnungen:

- Euler-Verfahren: p = 1
- Trapezregel: p = 2
- Verfahren nach Heyn: p = 2
- Runge-Kutta-Verfahren: p = 4

Mit zunehmender Konsistenzordnung steigt auch die Anzahl an Funktionsauswertungen, d.h. der Berechnungsaufwand. Es gilt daher, einen Kompromiss zwischen der geforderten Genauigkeit und der Berechnungszeit zu finden.

Neben dem lokalen Diskretisierungsfehler gibt es auch noch den globalen Diskretisierungsfehler e(h). Der globale Diskretisierungsfehler e(h) berechnet sich aus der Differenz der analytisch exakten Lösung der Differentialgleichung und der Näherungslösung und stellt somit den maximal möglichen Fehler dar. Ziel ist auch hier, dass der globale Diskretisierungsfehler mit kleiner werdender Schrittweite h gegen null strebt. Dadurch wäre die Konvergenz des Verfahrens bewiesen.

Darüber hinaus tritt neben dem Diskretisierungsfehler bei der numerischen Simulation laut /S11/ ein Rundungsfehler auf. Der Rundungsfehler entsteht durch die endliche Anzahl an Stellen, mit der durch den Computer Zahlen dargestellt werden können. Der Einfluss des Rundungsfehlers auf das Berechnungsergebnis nimmt mit abnehmender Schrittweite zu. Der Rundungsfehler verhält sich laut /S8/ proportional zu 1/h. Somit verhält sich der Rundungsfehler entgegen des Diskretisierungsfehlers, der proportional zu h^p ist. **Abbildung 2.12** zeigt den Verlauf des Rundungsfehlers, des Diskretisierungsfehlers und des daraus errechneten Gesamtfehlers. Aus der Berechnung/Abschätzung der Fehler lässt sich somit auch eine Abschätzung für die zu wählende Berechnungsschrittweite herleiten, was in der Abbildung 2.12 durch h_{opt} bezeichnet ist. Hierauf soll im **Unterkapitel 2.13 Schrittweitensteuerung** detailliert eingegangen werden.

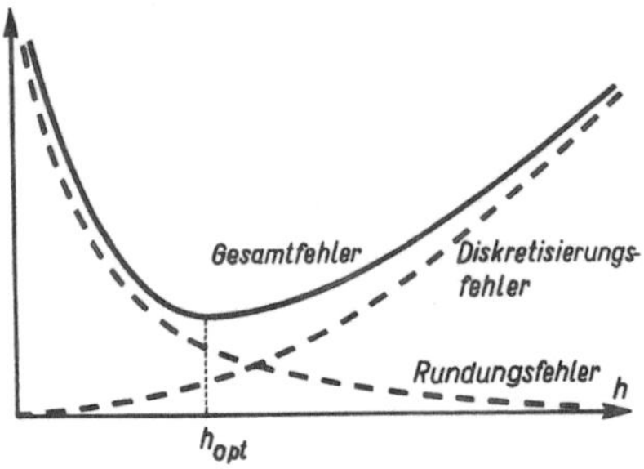

Abbildung 2.12: Rundungsfehler, Diskretisierungsfehler und Gesamtfehler /S11/

Zunächst soll allerdings die Konvergenz von Verfahren gezeigt werden, da ohne die Konvergenz des Berechnungsverfahrens keine verwendbaren Berechnungsergebnisse zu erwarten sind. Der Konvergenznachweis eines Verfahrens ist sehr schwierig. Allein aus der Konsistenz eines Verfahrens lässt sich eine Konvergenz nicht beweisen, da selbst kleine lokale Fehler bei einem instabilen System zu einem großen globalen Fehler führen können. Aus diesem Grund wird für den Konvergenznachweis eines Verfahrens neben der Konsistenz auch die Stabilität des Verfahrens benötigt.

2.6.2 Stabilität numerischer Näherungsverfahren

Für den Nachweis der Stabilität numerischer Näherungsverfahren soll zunächst ein einfaches Modellproblem betrachtet werden, dessen analytisch exakte Lösung bekannt ist. Das Modellproblem lautet:

$$\dot{y} = \lambda \cdot y(t) \tag{2.62}$$

mit $\lambda \in \mathbb{C}$ und $y(t_0 = 0) = y_0$

Die exakte Lösung des Modellproblems ergibt sich dann zu:

$$y(t) = y_0 \cdot e^{\lambda t} \tag{2.63}$$

Nachfolgend soll nun geklärt werden, wann die exakte Lösung der Differentialgleichung stabil ist. Hierfür muss der Exponent der e-Funktion betrachtet werden. Im Exponent findet sich die komplexe Zahl λ wieder. Nach der Euler'schen Formel /B1/ lässt sich der Exponent einer komplexen Zahl $\lambda = a+ib$ schreiben als:

$$e^{\lambda} = e^{a} \cdot \left(\cos(b) + i\sin(b)\right) \tag{2.64}$$

Der Imaginärteil der Lösung führt somit auf eine Schwingung. Der Realteil ist verantwortlich für das stabile oder instabile Verhalten der Lösung. Ist der Realteil von λ größer null, liegt instabiles Verhalten vor, die Lösung klingt auf. Ist der Realteil von λ kleiner null, wird von stabilem Verhalten gesprochen. Die Lösung klingt ab. Ist der Realteil von λ gleich null, wird von quasistabilem Verhalten gesprochen. Für das Stabilitätsgebiet numerischer Lösungen ergibt sich somit die linke Halbebene der komplexen Zahlenebene im Bereich $\mathrm{Re}(\lambda) \leq 0$.

Um nun das Verhalten der verschiedenen numerischen Näherungsverfahren untersuchen zu können, wird die Tatsache verwendet, dass für das Modellproblem die Funktion $f(t_n,y_n)$ bekannt ist.

$$f(t_n, y_n) = \lambda \cdot y(t) \tag{2.65}$$

Wird nun Gleichung (2.49) umgeformt zu

$$y_{n+1} = F(\lambda h) \cdot y_n, \tag{2.66}$$

dann ist die Lösung stabil, wenn gilt:

$$|F(h\lambda)| < 1, \tag{2.67}$$

Dies soll nun beispielhaft am expliziten Euler-Verfahren gezeigt werden.

$$y_{n+1} = y_n + f(t_n, y_n) \cdot h$$

$$y_{n+1} = y_n + \lambda \cdot y_n \cdot h$$

$$y_{n+1} = (1 + h\lambda) \cdot y_n \tag{2.68}$$

Analog kann die Stabilität auch für die anderen Näherungsverfahren hergeleitet werden. Bei Mehrschrittverfahren werden die Mehrschritte in Einzelschritte aufgelöst.

Bei der Untersuchung der Stabilität wird nun der Grenzfall für F(hλ) = 1 betrachtet und das Ergebnis in der komplexen Zahlenebene grafisch dargestellt. Für die einzelnen Solver ergeben sich somit verschiedene Stabilitätsgebiete, die nachfolgend in **Abbildung 2.13**, **Abbildung 2.14** und **Abbildung 2.15** dargestellt werden.

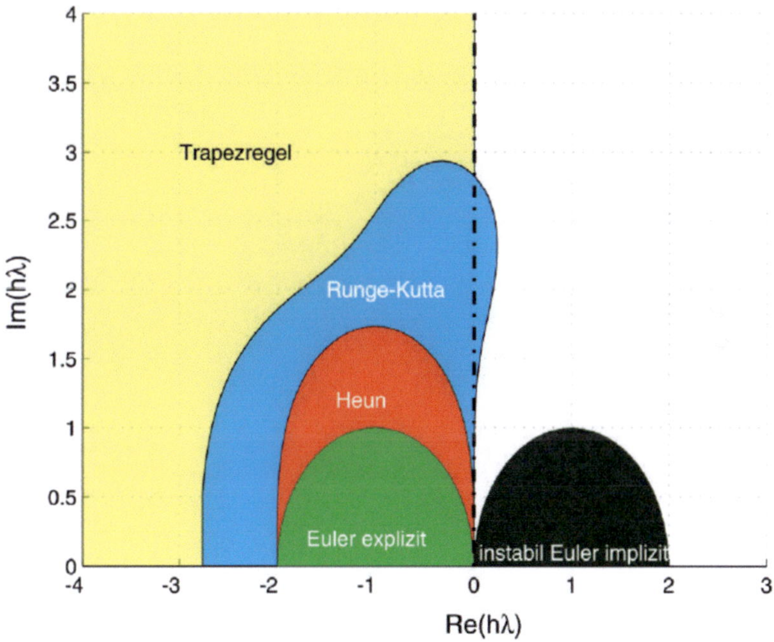

Abbildung 2.13: Stabilitätsgebiete der Runge-Kutta-Formeln /P3/

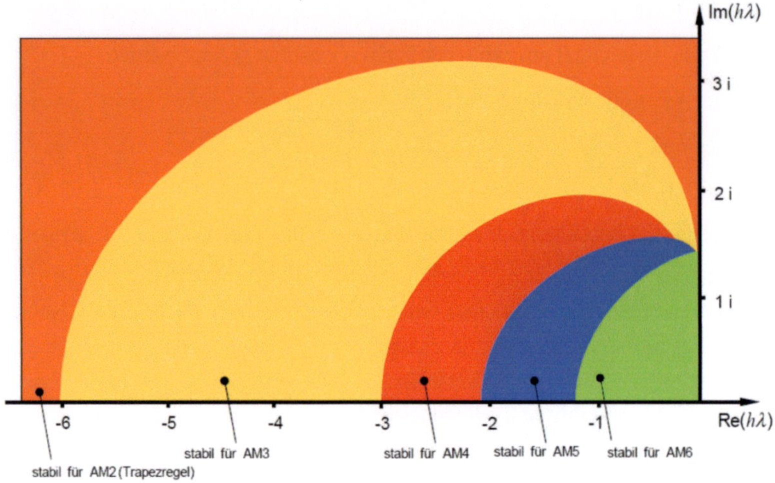

Abbildung 2.14: Stabilitätsgebiete der Adams-Bashforth-Moulton-Verfahren /P2/

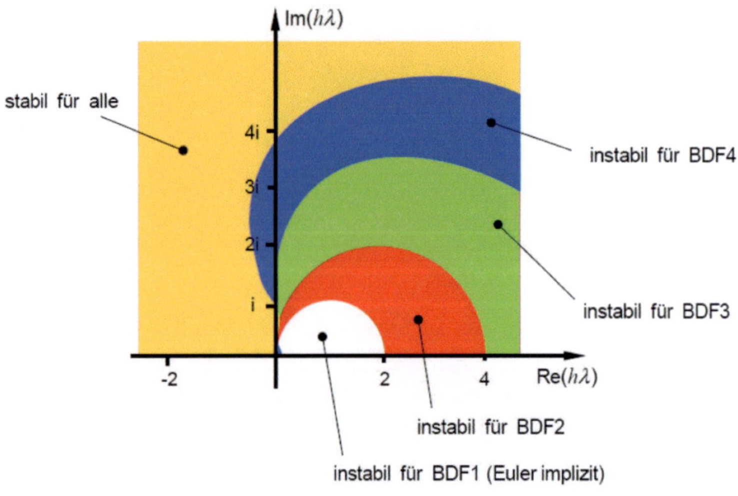

Abbildung 2.15: Stabilitätsgebiete der Rückwärtsdifferenzenformeln /P2/

2.6.3 Eignung der numerischen Näherungsverfahren zur Bestimmung der Lösung numerischer Gleichungssysteme

Die bisher beschriebenen Eigenschaften numerischer Näherungsverfahren geben keinen Hinweis darauf, ob ein Solver zur Lösung der Systemgleichungen geeignet ist. Diese Eignung hängt maßgeblich mit der Steifigkeit des zu berechnenden Systems zusammen. Die Steifigkeit linearer Systeme ist laut /B2/ definiert als das Verhältnis des größten und des kleinsten Eigenwertes in Abhängigkeit der Systemordnung n:

$$\left|\frac{\lambda_{max}}{\lambda_{min}}\right| > 10^{\min(5,n)}. \tag{2.69}$$

Eine ähnliche Definition findet sich in /G3/, wo ein so genannter Steifigkeitsindex κ definiert wird.

$$\kappa = \left|\frac{\lambda_{max}}{\lambda_{min}}\right| \geq 1000 \tag{2.70}$$

Die Eigenwerte nichtlinearer Systeme werden am gewählten Arbeitspunkt aus der Jacobi-Matrix ermittelt. Allerdings sollte beachtet werden, dass die Steifigkeit arbeitspunktabhängig sein und sich daher im Laufe einer Simulation ändern kann.

Grundsätzlich kann davon ausgegangen werden, dass sich explizite Verfahren eher für weiche bis mittelsteife Systeme eignen. Laut /M4/ kann beispielsweise das Runge-Kutta-Verfahren für die Berechnung von weichen bis mittelsteifen Systeme verwendet werden. Implizite Verfahren eignen sich für steife Systeme. Nach /M4/ und /A2/ ist z.B. das Gear-Verfahren für steife Systeme zu verwenden.

Da sich die Systemeigenschaften während einer Berechnung ändern können, wurden Solver entwickelt, die sich dem verändernden System anpassen. Der LSODA-Solver verwendet für die Berechung von gewöhnlichen Differentialgleichungen je nach Steifigkeit des Systems ein Mehrschrittverfahren nach Adams-Moulton oder ein Mehrschrittverfahren nach Gear /A3/. Hierbei überwacht er während der Berechnung die Eigenschaften des Systems. Bei einer Änderung der Steifigkeit des Systems wird das numerische Näherungsverfahren gewechselt.

Neben der Änderung der Steifigkeit treten in Systemen zusätzlich Unstetigkeiten und Zwangsbedingungen auf. Zwangsbedingungen führen beispielsweise auf Differential-Algebraische Gleichungen (DAEs). Für die Berechnung von DAEs wurden spezielle Solver wie der DASSL-Solver entwickelt (siehe auch /B7/). Ähnlich dem LSODA-Solver setzt sich auch der DASSL-Solver aus einer Sammlung verschiedener Solver zusammen, die alle auf den Gear-Verfahren basieren. /A3/

2.7 Schrittweitensteuerung

Wie in **Unterkapitel 2.6.1 Fehlerarten bei den numerischen Näherungsverfahren** beschrieben, treten bei der numerischen Integration von Differentialgleichungen verschiedene Fehlerarten auf, die unterschiedlich von der Schrittweite abhängen. Es lässt sich eine Schrittweite h_{opt} ermitteln, bei der der Gesamtfehler minimal wird. In der Praxis wird jedoch nicht immer die optimale Schrittweite, sondern ein Kompromiss zwischen Rechenzeit und Genauigkeit angestrebt, zwei Eigenschaften, die im Gegensatz zueinander stehen.

Bei Systemen mit schnellen Änderungen wird eine kleinere Schrittweite gewählt, um den Diskretisierungsfehler zu begrenzen. Bei langsamen Änderungen wird eine größere Schrittweite verwendet, um den Rundungsfehler zu minimieren und nicht erforderliche Zwischenschritte einzusparen. Dadurch verkürzt sich die Rechenzeit.

Die Anpassung der Schrittweite kann in Simulationsprogrammen automatisch erfolgen. Hierfür wurden automatische Schrittweitensteuerungen implementiert, die laut /S10/ auf einer Schätzung des lokalen Diskretisierungsfehlers $le(t_m + h)$ beruhen. Die Schrittweite h ist dabei so zu wählen, dass $||le(t_m + h)||$ eine vom Benutzer vorgegebene Fehlertoleranz nicht überschreitet. Dabei wird davon ausgegangen, dass auch der globale Diskretisierungsfehler nicht zu sehr anwächst. Es sollen daher nachfolgend nach /S10/ zwei Möglichkeiten der Schätzung von $le(t_m + h)$ beschrieben werden, auf denen eine automatische Schrittweitensteuerung für Einschrittverfahren aufbaut. Bei linearen Mehrschrittverfahren ist der Aufwand für eine Schrittweitensteuerung im Vergleich zu den Einschrittverfahren höher, da die Schrittweitensteuerung mit einer Ordnungssteuerung verknüpft ist und dabei der Fehler durch Vergleich von Prädiktor- und Korrektor-Schritt geschätzt wird.

Die beiden Möglichkeiten zur Schrittweitensteuerung für Einschrittverfahren sind die Doppelschritttechnik in Anlehnung an die Richardson-Extrapolation und das eingebettete Verfahren, auch Fehlbergverfahren genannt. **Abbildung 2.16** zeigt dabei die prinzipielle Vorgehensweise.

Bei der Doppelschritttechnik wird der lokale Diskretisierungsfehler durch Differenz zweier Näherungswerte berechnet, die durch Integration mit unterschiedlichen Schrittweiten ermittelt wurden. Dabei wird der erste Näherungswert mit Hilfe eines Integrationsschritts mit einer Schrittweite von h, der zweite Näherungswert mit Hilfe zweier Integrationsschritte mit einer Schrittweite h/2 berechnet.

Beim eingebetteten Verfahren wird der lokale Diskretisierungsfehler durch Differenz zweier Näherungswerte berechnet, die beide mit der Schrittweite h ermittelt werden. Allerdings unterscheiden sich die Integrationsverfahren in ihrer Konsistenzordnung. Wenn p und q die jeweilige Konsistenzordnung des Verfahrens sind, dann wird üblicherweise $q = p - 1$ verwendet. Das eingebettete Verfahren erfordert einen geringeren Rechenaufwand gegenüber der Doppelschritttechnik, wodurch es für rechenzeitkritische Anwendungen interessant ist.

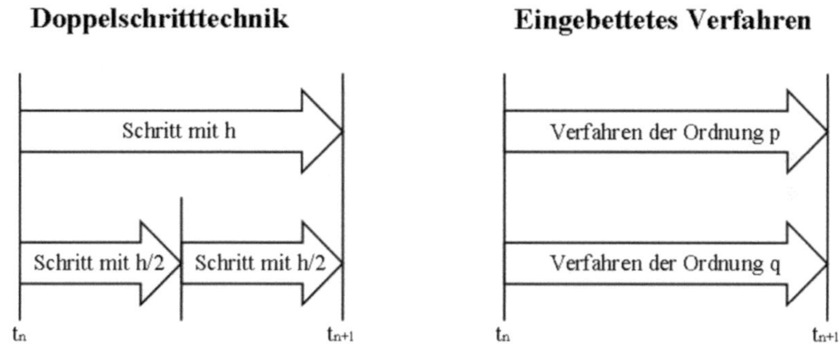

Abbildung 2.16: Zwei Methoden zur Schrittweitensteuerung bei Einschrittverfahren /S3/

2.7.1 Die Richardson-Extrapolation (Doppelschritttechnik)

Bei der Richardson-Extrapolation wird zunächst ausgehend von einem Runge-Kutta-Verfahren der Ordnung p, der Schrittweite h und einem Anfangswert (t_0, x_0) ausgegangen und ein Näherungswert $x_h = x_h(t_0 + h)$ mit der Schrittweite h sowie zwei weitere Näherungswerte $x_{h/2} = x_{h/2}(t_0 + h/2)$ und $x_{2\cdot h/2} = x_{h/2}(t_0 + h)$ mit der Schrittweite h/2 ermittelt. Für den lokalen Diskretisierungsfehler $le(t_0+h)$ gilt nach /S3/ und /S10/ mit Vernachlässigung von Fehlertermen höherer Ordnung

$$le(t_0 + h) = x(t_0 + h) - x_h = C(t_0)h^{p+1}, \tag{2.71}$$

wobei $x(t_0 + h)$ den exakten Lösungsverlauf und $C(t_0)$ die Fehlerkonstante beschreibt. Darüber hinaus gilt:

$$x\left(t_0 + \frac{h}{2}\right) - x_{h/2} = C(t_0)\left(\frac{h}{2}\right)^{p+1} \tag{2.72}$$

und mit Verwendung von (2.72)

$$x(t_0 + h) - x_{2\cdot h/2} = 2C(t_0)\left(\frac{h}{2}\right)^{p+1}, \tag{2.73}$$

ergibt sich die Hauptfehlerkonstante zu

$$2C(t_0) = \frac{x_{2\cdot h/2} - x_h}{2^p - 1}\left(\frac{h}{2}\right)^{-(p+1)}. \tag{2.74}$$

Eingesetzt in Gleichung (2.73) folgt daraus:

$$x(t_0 + h) - x_{2\cdot h/2} = \frac{x_{2\cdot h/2} - x_h}{2^p - 1}. \tag{2.75}$$

Für eine Schrittweitensteuerung soll nun die Schrittweite h so bestimmt werden, dass der in Gleichung (2.75) berechnete Fehler kleiner ist als eine vom Anwender vorgegebene Genauigkeitsanforderung. Nach /S10/ wird heute in Anlehnung an die effektiven Codes von Hindmarsh die Schrittweitensteuerung mit Hilfe skalierter Toleranzen sk_i durchgeführt. Hierbei wird mit Hilfe der Dimension n_x des Zustandsvektors x eine Größe

$$err = \sqrt{\frac{1}{n_x}\sum_{i=1}^{n}\left(\frac{x_{2\cdot h/2} - x_h}{\left(2^p - 1\right)sk_i}\right)^2} \tag{2.76}$$

definiert mit

$$sk_i = atol_i + \max\left(\left|x_{i,2\cdot h/2}\right|, \left|x_{i,h}\right|\right) rtol_i .$$

$Atol_i$ und $rtol_i$ stellen die relative und die absolute Toleranz dar. Sie können gleich gewählt werden. Ist der Fehler $err \leq 1$, wird der aktuelle Integrationsschritt von $t_0 \rightarrow t_0 + h$ akzeptiert und die Berechnung mit der Näherungslösung $x_{2\cdot h/2}$ fortgesetzt.

2.7.2 Das eingebettete Verfahren

Bei der Fehlerschätzung nach der Methode der eingebetteten Verfahren wird im Gegensatz zur Richardson-Extrapolation für die Berechnung der Näherungswerte in beiden Fällen mit der gleichen Schrittweite h gerechnet. Ausgehend von zwei Runge-Kutta-Verfahren mit unterschiedlicher Konsistenzordnung p und q mit $p > q$ und einem Ausgangswert (t_0, x_0) werden nach /S3/ und /S10/ zwei Näherungswerte $x_h = x_h(t_0 + h)$ mit dem Verfahren mit der Konsistenzordnung p und $\hat{x}_h = \hat{x}_h(t_0 + h)$ mit dem Verfahren mit der Konsistenzordnung q berechnet. Da die Funktionsauswertungen bei der Berechnung mit der Konsistenzordnung p bis zur Konsistenzordnung q bereits vorliegen, verursacht diese Methode einen geringeren Rechenaufwand als die Richardson-Extrapolation. Somit ergeben sich für x_h und $\hat{x}_h$

$$x_h = x(t_0 + h) + C(t_0)h^{p+1} \tag{2.77}$$

und

$$\hat{x}_h = \hat{x}(t_0 + h) + C(t_0)h^{q+1}. \tag{2.78}$$

Hieraus lässt sich die Differenz $x_h - \hat{x}_h$ berechnen, wobei $C(t_0)$ die Fehlerkonstante beschreibt. Aus der Differenz lässt sich der lokale Diskretisierungsfehler für das Runge-Kutta-Verfahren der Konsistenzordnung q berechnen. Der lokale Diskretisierungsfehler berechnet sich zu

$$err = \sqrt{\frac{1}{n_x}\sum_{i=0}^{n}\left(\frac{x_{i,h} - \hat{x}_{i,h}}{sk_i}\right)^2} \tag{2.79}$$

mit

$$sk_i = atol_i + \max(|x_{i,h}|, |\hat{x}_{i,h}|) rtol_i, \tag{2.80}$$

wobei $atol_i$ und $rtol_i$ die Genauigkeitsanforderungen sind. Ist der ermittelte Fehler geringer als die Genauigkeitsgrenzen und wird somit akzeptiert, folgt der nächste Integrationsschritt ausgehend von x_h.

Bekannte Vertreter der eingebetteten Verfahren sind die Runge-Kutta-Fehlberg-Verfahren (siehe /F1/) oder das Verfahren nach Dormand-Prince (siehe /D4/).

2.7.3 Schrittweitenvorschlag auf Basis der Richardson-Extrapolation und der eingebetteten Verfahren

Zur Ermittlung bzw. Schätzung des lokalen Fehlers im nächsten Integrationsschritt mit dem Anfangswert $(t_1, \tilde{x}(t_1))$ ergibt sich auf Basis der Richardson-Extrapolation und des Startwertes

$$\tilde{x}(t_1) = x_{2\cdot h/2}$$

analog zu Gleichung (2.73) entsprechend /S3/ und /S10/ die neue Schrittweite h_{neu}

$$\tilde{x}(t_1 + h_{neu}) - x_{2\cdot h/2} = 2C(t_1)\left(\frac{h_{neu}}{2}\right)^{p+1} + O(h_{neu}^{p+2}). \tag{2.81}$$

Daraus folgt mit $C(t_1) = C(t_0) + O(h)$ analog zu Gleichung (2.74) und Gleichung (2.75)

$$\tilde{x}(t_1 + h_{neu}) - x_{2\cdot h/2} = \frac{x_{2\cdot h/2} - x_h}{2^p - 1}\left(\frac{h_{neu}}{h}\right)^{p+1} + O(h_{neu}^{p+2}) \tag{2.82}$$

Somit ergibt sich unter Verwendung von Gleichung (2.82) und unter Vernachlässigung des O-Terms

$$\sqrt{\frac{1}{n_x}\sum_{i=1}^{n_x}\left(\frac{\tilde{x}_i(t_1+h_{neu})-x_{i,2\cdot h_{neu}/2}}{sk_i}\right)^2}=err\left(\frac{h_{neu}}{h}\right)^{p+1} \tag{2.83}$$

Daraus lässt sich eine Größe

$$err_{h_{neu}}=err\left(\frac{h_{neu}}{h}\right)^{p+1} \tag{2.84}$$

ableiten. Ist der ermittelte Fehler $err_{h\,neu}$ wiederum kleiner oder gleich 1, wird der Integrationsschritt mit h_{neu} akzeptiert. Somit lässt sich die Schrittweite h_{neu} so bestimmen, dass für $t_1 + h_{neu}$ gilt:

$$err\left(\frac{h_{neu}}{h}\right)^{p+1}=1\,. \tag{2.85}$$

Daraus lässt sich die Schrittweite h_{neu} wie folgt bestimmen zu

$$h_{neu}=\left(\frac{1}{err}\right)^{\frac{1}{(p+1)}}\cdot h\,. \tag{2.86}$$

Diese lokal-optimale Schrittweite wird noch um einen Sicherheitsfaktor α reduziert, um Schrittwiederholungen zu vermeiden. Laut /S10/ werden für den Sicherheitsfaktor häufig folgende Werte verwendet: $\alpha = 0{,}8$; $\alpha = 0{,}9$; $\alpha = (0{,}25)^{1/(p+1)}$.

$$h_{neu}=\alpha\left(\frac{1}{err}\right)^{\frac{1}{(p+1)}}\cdot h \tag{2.87}$$

Darüber hinaus wird die Wahl der Schrittweite durch zwei weitere Faktoren α_{min} und α_{max} begrenzt. Mit dem Faktor α_{min} wird eine zu starke Verringerung der Schrittweite und mit α_{max} eine zu starke Vergrößerung der Schrittweite verhindert. Somit ergibt sich für die Berechnung von h_{neu} nachfolgende Berechnungsvorschrift:

$$h_{neu}=\left(\alpha_{max},\max\left(\alpha_{min},\alpha\left(\frac{1}{err}\right)^{\frac{1}{(p+1)}}\right)\right)\cdot h\,. \tag{2.88}$$

Übliche Werte für α_{max} liegen laut /S10/ zwischen 1,5 und 5, für α_{min} zwischen 0,2 und 0,5. Ist dennoch der Fehler $err > 1$, wird der Integrationsschritt $t_0 \rightarrow t_0 + h_{neu}$ mit der Schrittweite h_{neu} wiederholt. Zusätzlich wird die Integration gestoppt, wenn eine minimale Schrittweite h_{min} unter- oder eine maximale Schrittanzahl überschritten wird.

Neben den angegebenen Grenzen benötigt das Integrationsverfahren eine Startschrittweite h_0. Vorschläge zur Bestimmung der Startschrittweite finden sich in /B8/, /H3/ und /S11/. Die automatische Schrittweitensteuerung ist aber im Allgemeinen in der Lage, ungünstig gewählte Startschrittweiten zu korrigieren.

Der oben gezeigte Vorschlag für die Wahl der Schrittweite lässt sich nach /S3/ auch auf die eingebetteten Verfahren übertragen.

$$h_{neu} = \left(\alpha_{max}, \max\left(\alpha_{min}, \alpha \left(\frac{1}{err} \right)^{\frac{1}{(q+1)}} \right) \right) \cdot h. \tag{2.89}$$

Die vorgestellten Methoden zur automatischen Schrittweitensteuerung orientieren sich am lokalen Diskretisierungsfehler. Es wurde jedoch in Unterkapitel **2.6.2 Stabilität numerischer Näherungsverfahren** gezeigt, dass die Schrittweite auch einen Einfluss auf die Stabilität von numerischen Näherungsverfahren hat. Betrachtet wurde hierbei das Produkt aus Schrittweite h und Eigenwert λ. Die Eigenwerte und die daraus berechneten Eigenfrequenzen haben somit Einfluss auf die numerische Stabilität. Aus diesem Grund sollen nachfolgend der Begriff der Eigenwerte definiert und Methoden zu deren Bestimmung beschrieben werden.

2.8 Begriffsdefinition Eigenwerte und Methoden zu deren Bestimmung

Als Eigenwert λ_i einer n × n-Matrix A werden nach /B1/ die Nullstellen der charakteristischen Gleichung

$$p_n(\lambda) = \det(A - \lambda \cdot E) = 0 \tag{2.90}$$

bezeichnet mit E als Einheitsmatrix. Die Eigenwerte werden aus der Eigenwertaufgabe bestimmt. Bei der Eigenwertaufgabe wird zur Eigenwertgleichung A·x ein proportionaler Vektor λ·x gesucht.

$$A \cdot x = \lambda \cdot x \quad \text{bzw.} \quad (A - \lambda \cdot E) \cdot x = 0 \tag{2.91}$$

Die Eigenwerte können reell oder komplexwertig sein. Aus den Eigenwerten lassen sich die Eigenfrequenzen eines Systems bestimmen. Für reelle Eigenwerte lautet nach /B3/ der Zusammenhang zwischen Eigenwert ω_n und Eigenfrequenz f_n

$$f_n = \frac{\omega_n}{2 \cdot \pi}, \tag{2.92}$$

wodurch auch die physikalische Interpretation der Eigenwerte gezeigt wäre. Die Eigenfrequenzen werden in Systemen zunächst meist ohne Dämpfung berechnet. Dämpfung verringert die Höhe der Frequenz hin zu tieferen Frequenzen. Aus diesem Grund werden in dieser Arbeit die ungedämpften Eigenfrequenzen betrachtet, da sich an diesen das Kommunikationsintervall orientieren wird, was später noch in **Kapitel 4 Methodik zur Bestimmung des Kommunikationsintervalls** gezeigt wird. Die Ermittlung der Eigenfrequenzen für die einzelnen mechatronischen Teilsysteme findet sich in den **Unterkapiteln 4.3** bis **4.6**.

Bei komplexen Eigenwerten gibt der Realteil des Eigenwerts die Dämpfung und der Imaginärteil die Eigenfrequenz des betrachteten Systems an. Die Eigenfrequenz berechnet sich somit in Anlehnung an Gleichung (2.92) durch die Vorschrift

$$f_n = \frac{\left|\mathrm{Im}_{\omega_n}\right|}{2 \cdot \pi}. \tag{2.93}$$

Zur Durchführung einer Eigenwertanalyse wird eine n × n-Matrix A benötigt. Bei der Beschreibung eines Systems in Zustandsform wird eine solche Matrix in Form der Systemmatrix A erzeugt. Diese Systemmatrix A beschreibt die Eigenschaften des betrachteten Systems. Aus ihr lassen sich die Eigenwerte des Systems berechnen. Dies kann mit Hilfe einer Modalanalyse erfolgen. Die Vorgehensweise bei einer Modalanalyse wird nachfolgend beschrieben.

2.8.1 Modalanalyse

Bei der Modalanalyse wird nach /P1/ die Lösung der gewöhnlichen linearen Differentialgleichung entweder aus Sinus- und Kosinus-Termen zusammengesetzt oder über die Exponentialfunktion berechnet. Die Modalanalyse lässt sich allerdings nur auf lineare Systeme anwenden. Nichtlineare Systeme müssen erst um einen bestimmten Arbeitspunkt linearisiert werden. Eine solche Linearisierung ist mit Hilfe der Taylor-Approximation oder auch Taylor-Reihe möglich.

Bei der Taylor-Approximation wird nach /B3/ von einer (n+1)-mal differenzierbaren Funktion f(x) ausgegangen, die sich durch die Taylor-Reihe $T_n(x)$ und ein Restglied $R_n(x)$ ausdrücken lässt.

$$f(x) = T_n(x) + R_n(x) \tag{2.94}$$

Bei der Linearisierung um einen Arbeitspunkt a ergibt sich für $T_n(x)$ zu

$$T_n(x) = f(a) + \frac{f'(a)}{1!} \cdot (x-a) + \frac{f''(a)}{2!} \cdot (x-a)^2 + \cdots + \frac{f^n(a)}{n!} \cdot (x-a)^n. \tag{2.95}$$

Diese Approximation der Funktion f(x) wird nach dem linearen Glied abgebrochen, wodurch eine lineare Funktion entsteht. Dadurch ist die Linearisierung nur in einem begrenzten Bereich um den Arbeitspunkt gültig.

Die Anwendung der Stabilitätsuntersuchung linearer Systeme auf linearisierte Systeme wird nach Ljapunov die „Methode der ersten Näherung" genannt. Auf die linearisierten Gleichungen lassen sich alle im Folgenden für lineare Systeme beschriebenen Methoden anwenden. Dabei ist aber vor allem auf den eingeschränkten Bereich zu achten, in dem die Linearisierung Gültigkeit besitzt.

Die Informationen, die aus einer Modalanalyse gewonnen werden, sind neben den Eigenwerten des Systems, in welchen Informationen über die Frequenz und die Dämpfung der freien Systemantwort enthalten sind, auch Informationen über die bei bestimmten Frequenzen auftretenden Schwingungsformen. Diese werden durch Amplitudenverhältnisse beschrieben und im sogenannten Eigenvektor zusammengefasst. (siehe hierzu /P1/).

Zunächst soll nun die grundsätzliche Vorgehensweise bei der Modalanalyse vorgestellt und anschließend am Beispiel eines Regalmodells näher erläutert werden.

2.8.2 Grundlagen der Modalanalyse

Betrachtet wird ein mechanisches System, welches über eine Vektordifferentialgleichung

$$M\ddot{\vec{x}} + D\dot{\vec{x}} + C\vec{x} = \vec{0} \tag{2.96}$$

repräsentiert wird. Dabei ist M die Massenmatrix, D die Dämpfungsmatrix, C die Steifigkeitsmatrix und $\vec{x}$ der Ortsvektor oder allgemeine Zustandsvektor.

Es handelt sich um ein homogenes System, ohne äußere Anregungen. Für die Bestimmung der „modalen Parameter" (Eigenwerte, Eigenvektoren) wird nur dieses homogene System betrachtet. Die das System charakterisierenden modalen Parameter sind unabhängig von den äußeren Anregungen.

Eine Lösung für Gleichung (2.96) lässt sich mittels eines Exponentialansatzes berechnen

$$\vec{x}_h = \vec{r} \cdot e^{\lambda t}, \tag{2.97}$$

wobei λ der Eigenwert und $\vec{r}$ der Eigenvektor des Systems darstellen.

Nach zweifachem Ableiten der Gleichung (2.97) und dem Einsetzen der jeweiligen Ergebnisse in Gl. (2.96) ergibt sich Gl. (2.98) zu

$$\left(\lambda^2 M + \lambda D + C\right) \cdot \vec{r} = \vec{0} \tag{2.98}$$

Gleichung (2.98) stellt ein algebraisches, homogenes, lineares Gleichungssystem für den Eigenvektor $\vec{r}$ dar. Eine nichttriviale (von 0 verschiedene) Lösung für $\vec{r}$ ergibt sich genau dann, wenn die Koeffizientendeterminante verschwindet:

$$\underbrace{\det\left(\lambda^2 M + \lambda D + C\right)}_{P(\lambda)} \overset{!}{=} 0 \tag{2.99}$$

$P(\lambda)$ wird das „charakteristische Polynom“ genannt. Die Lösungen von Gleichung (2.99) ergeben die Nullstellen des charakteristischen Polynoms, welches wiederum die Eigenwerte des Systems darstellen. Zu jedem Eigenwert λ_i existiert ein entsprechender Eigenvektor $\vec{r}_i$ (bei einfachen Eigenwerten), der durch Einsetzen von λ_i in Gleichung (2.98) berechnet werden kann. Da die so ermittelten Eigenvektoren aus einem singulären Problem (Gleichung (2.99)) resultieren, sind ihre Komponenten linear abhängig, weshalb sie einen frei wählbaren „Skalierungsparameter“ besitzen. Häufig wird ein Eigenvektor, der aus $\vec{r} = \left(r_1, r_2, \cdots, r_n\right)^T$ besteht, auf $|r_1| = 1$ normiert. Es sind aber auch andere Normierungen üblich.

Nachfolgend soll die Bestimmung der Eigenwerte und Eigenvektoren am Beispiel eines einfachen Regalmodells erläutert werden. Es wird dabei ein System ohne Dämpfung angenommen, was eine Vereinfachung des charakteristischen Polynoms darstellt.

2.8.3 Beispiel eines einfachen Regalmodells

In **Abbildung 2.17** ist nach /P1/ das Minimalmodell eines Regals dargestellt. Es besteht aus drei masselosen Federn und drei Punktmassen, welche nur in horizontaler Richtung schwingen können.

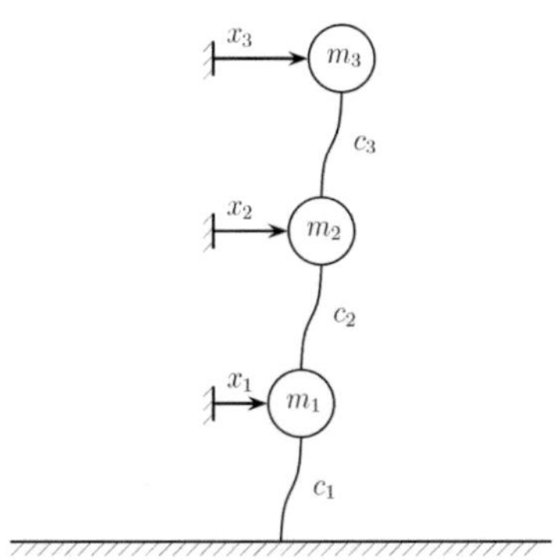

Abbildung 2.17: Einfaches Regalmodell nach /P1/

Die Federn sind in der Ruhelage $x_i = 0$ entspannt. Die Parameter des Systems sind:

$m_1 = m_2 = 6$ m, $m_3 = m$, $c_1 = c_2 = 3$ c, $c_3 = c$

und $\omega_0^2 = \frac{c}{m} = 1$.

Die horizontalen Auslenkungen werden im Lagevektor $\vec{x} = (x_1, x_2, x_3)^T$ zusammengefasst.

Die Differentialgleichungen des Systems in Matrizenschreibweise können beispielsweise mit den Lagrange'schen Gleichungen II. Art erstellt werden und ergeben sich zu

$$m\begin{bmatrix} 6 & 0 & 0 \\ 0 & 6 & 0 \\ 0 & 0 & 1 \end{bmatrix}\ddot{\vec{x}} + c\begin{bmatrix} 6 & -3 & 0 \\ -3 & 4 & -1 \\ 0 & -1 & 1 \end{bmatrix}\vec{x} = \vec{0} \tag{2.100}$$

Mit einem Ansatz gemäß Gleichung (2.97) und $\lambda = j\omega$ ergibt sich

$$\left(\omega_0^2\begin{bmatrix} 6 & -3 & 0 \\ -3 & 4 & -1 \\ 0 & -1 & 1 \end{bmatrix} - \omega^2\begin{bmatrix} 6 & 0 & 0 \\ 0 & 6 & 0 \\ 0 & 0 & 1 \end{bmatrix}\right)\vec{r} = \vec{0} \tag{2.101}$$

Hierbei ist darauf zu achten, dass ω_0^2 eine Systemkonstante ist. Ω^2 sind die Eigenwerte. Die nichttriviale Lösung ergibt sich, analog zu Gleichung (2.99), zu

$$\det\left(\omega_0^2\begin{bmatrix} 6 & -3 & 0 \\ -3 & 4 & -1 \\ 0 & -1 & 1 \end{bmatrix} - \omega^2\begin{bmatrix} 6 & 0 & 0 \\ 0 & 6 & 0 \\ 0 & 0 & 1 \end{bmatrix}\right) \overset{!}{=} \vec{0}\,. \tag{2.102}$$

Mit der Randbedingung $\omega_0^2 = \frac{c}{m} = 1$ folgt daraus das charakteristische Polynom

$$P(\omega^2) = \left[(6\omega^2 - 6)(6\omega^2 - 4) - 15\right](\omega^2 - 1) \overset{!}{=} 0\,, \tag{2.103}$$

woraus sich die Eigenwerte

$$\omega_1^2 = \frac{1}{6}, \qquad \omega_2^2 = 1, \qquad \omega_3^2 = \frac{3}{2}$$

berechnen lassen. Diese Eigenwerte können nun einzeln in Gleichung (2.101) eingesetzt werden, was zu den drei Eigenvektoren $\vec{r}_1$, $\vec{r}_2$ und $\vec{r}_3$ führt, welche jeweils die Normierung $r_{i1} = 1$ aufweisen.

$$\vec{r}_1 = \begin{pmatrix} 1 \\ 5/3 \\ 2 \end{pmatrix}, \quad \vec{r}_2 = \begin{pmatrix} 1 \\ 0 \\ -3 \end{pmatrix}, \quad \vec{r}_3 = \begin{pmatrix} 1 \\ -1 \\ 2 \end{pmatrix}$$

Die drei Eigenvektoren sind in **Abbildung 2.18** dargestellt. Die homogene Lösung des Systems ergibt sich jetzt durch lineare Superposition der drei modalen Lösungsanteile zu

$$\vec{x} = k_1 \begin{pmatrix} 1 \\ 5/3 \\ 2 \end{pmatrix} e^{j\sqrt{1/6}t} + k_2 \begin{pmatrix} 1 \\ 0 \\ -3 \end{pmatrix} e^{jt} + k_3 \begin{pmatrix} 1 \\ -1 \\ 2 \end{pmatrix} e^{j\sqrt{3/2}t} \tag{2.104}$$

Durch die drei Konstanten k_1, k_2 und k_3 findet die oben beschriebene Anpassung der allgemeinen freien Lösung auf die Anfangsbedingungen $\vec{x}(t_0) = \vec{x}_0$ statt.

Anschaulich ergibt sich damit die freie Systemantwort, also die Systemantwort ohne äußere Anregung, bei einer bestimmten Anfangsauslenkung bzw. bei einer bestimmten Anfangsgeschwindigkeit. Die freie Systemantwort wird auch als Einschwingvorgang bezeichnet. In diesem Fall stellt sich eine Dauerschwingung ein, da es sich um ein ungedämpftes System handelt. Das heißt, der Einschwingvorgang klingt nicht ab.

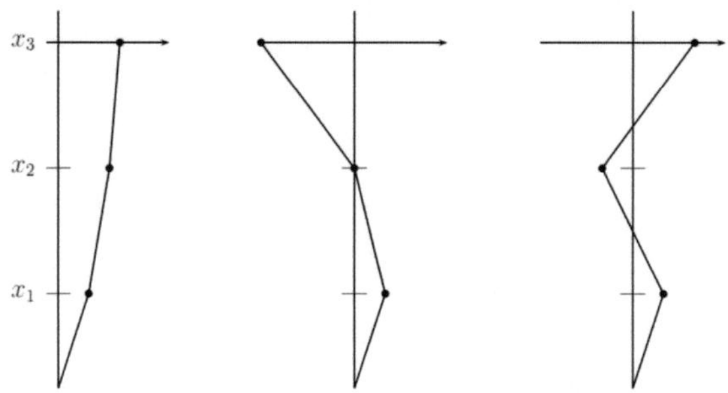

Abbildung 2.18: Eigenvektoren des einfachen Regalmodells nach /P1/

Neben der Modalanalyse können die Eigenwerte von Systemen auch aus der Übertragungsfunktion von Systemen berechnet werden. Diese Methode wird im Folgenden vorgestellt.

2.9 Die Übertragungsfunktion

Die Übertragungsfunktion ist eine Beschreibungsform aus der Regelungstechnik. Jedes System wird dabei als Übertragungsglied angesehen, welches Systemeingangs- und Systemausgangsgrößen besitzt. Über die Übertragungsfunktion G(s) sind die Systemeingangsgrößen $X_e(s)$ mit den Systemausgangsgrößen $X_a(s)$ gekoppelt. Dabei wird von linearen, kontinuierlichen und zeitinvarianten Systemen mit konzentrierten Parametern ausgegangen.

$$G(s) = \frac{X_a(s)}{X_e(s)} \tag{2.105}$$

Die Übertragungsfunktion wird im Bild- oder Frequenzbereich gebildet, d.h. lineare Differentialgleichungen mit konstanten Koeffizienten im Zeitbereich werden mit Hilfe der Laplace-Transformation in den Bild- oder Frequenzbereich transformiert. Für die Transformation wird das Laplace-Integral verwendet, welches sich nach /B2/ berechnet zu

$$F(s) = \int_0^\infty f(t)\, e^{-st}\, dt \tag{2.106}$$

mit der komplexen Variable $s = \sigma + j\omega$, die auch in der Beschreibung der Übertragungsfunktion in Gleichung (2.105) auftaucht. Die Bildfunktion F(s) wird auch als Frequenzfunktion bezeichnet, der Bildbereich als Frequenzbereich. Die Übertragung der Bildfunktion in den Zeitbereich erfolgt anhand von Korrespondenztafeln, in denen für die gebräuchlichsten Bildfunktionen die Zeitfunktionen aufgeführt sind. Bildfunktionen höherer Ordnung müssen mit Hilfe der Partialbruchzerlegung auf einfache Grundfunktionen zurückgeführt werden, um dadurch rücktransformiert werden zu können. Ein Auszug einer Korrespondenztafel findet sich in **Anhang A**. Zwei Bedingungen müssen allerdings bei der Laplace-Transformation erfüllt sein.

1. $f(t) = 0$ für $t < 0$
2. das Laplace-Integral muss konvergieren

Die Übertragung der Systemeingangs- und der Systemausgangsgrößen in den Bildbereich liefert Polynome rationaler Funktionen, deren Koeffizienten nur von der Struktur und den Parametern des Systems abhängen. Für die Übertragungsfunktion ergibt sich somit folgende Gleichung:

$$G(s) = \frac{X_a(s)}{X_e(s)} = \frac{b_0 + b_1 s + \cdots + b_m s^m}{a_0 + a_1 s + \cdots + a_n s^n} = \frac{Z(s)}{N(s)}, \tag{2.107}$$

wobei Z (s) und N (s) das Zähler- und Nennerpolynom dieser Beziehung beschreiben. Der Quotient der Laplace-Transformierten von Ausgangsgröße und Eingangsgröße des oben klassifizierten Systemtyps ist eine gebrochen rationale Funktion in s.

Aus den komplexen Nullstellen des Nennerpolynoms, den so genannten Polstellen der Übertragungsfunktion, können die Eigenwerte des Systems berechnet werden. Die Formeln hierzu finden sich im Unterkapitel **4.6 Die Eigenkreisfrequenz regelungstechnischer Systeme**.

3 Stand der Technik

Im nachfolgenden Kapitel soll neben der gekoppelten Simulation oder Co-Simulation auch die in dieser Arbeit verwendeten Simulationsprogramme und deren Möglichkeiten zur Kopplung vorgestellt werden. Darüber hinaus wird ein Überblick über die in den einzelnen Programmen verwendeten Solver gegeben.

3.1 Historie der gekoppelten Simulation oder Co-Simulation

Die gekoppelte Simulation oder Co-Simulation hat ihre Ursprünge in den 1960er Jahren. 1967 wurde die Simulationssprache CSSL (Continuous System Simulation Language) vorgestellt. CSSL ist eine Modellbeschreibungssprache der Firma Simulation Council Inc., die eine einfache Kombination von Modellen aus verschiedenen Modellierungswerkzeugen ermöglicht, die wiederum den CSSL Ex- und Import unterstützen. /W7/ CSSL wurde weiterentwickelt zu ACSL (Advanced Continuous Simulation Language), welches zusammen mit einer Modellierungssoftware und einem Solver 1976 vorgestellt wurde /M9/. Die Vorteile gegenüber CSSL liegen vor allem in verbesserten Laufzeiteigenschaften und der Möglichkeit, das Modell und die Parameter während der Simulation zu beobachten und zu modifizieren. 1977 wurde die Möglichkeit der Simulation eines hybriden Systems (den Begriff der Mechatronik gab es zu diesem Zeitpunkt noch nicht) in der *International Mathematics and Computers in Simulation* vorgestellt /M10/. Die Erweiterung von ACSL um separate Bereiche in der Simulation mit eigenem Integrationsalgorithmus, eigener Schrittweite und eigenem Fehlerkriterium war der erste eindeutige Schritt hin zur Simulation von gekoppelten Systemen, abgesehen von vorher existierenden selbstprogrammierten Modellkopplungen.

Die gekoppelte Simulation oder Co-Simulation in der heute bekannten Form wurde nach /M1/ Anfang der 1990er Jahre entwickelt. Wie bereits in **Unterkapitel 1.1 Ausgangssituation** dargestellt, werden zur Simulation mechatronischer Systeme das Gesamtsystem in Teilsysteme einzelner Fachgebiete unterteilt und diese Teilsysteme mit spezialisierten Simulationsprogrammen modelliert. Laut /S5/ ergeben sich daraus drei Vorteile:

1. Modellierungsvorteil: Es können unterschiedliche physikalische Disziplinen in dafür optimierten Simulationstools behandelt werden.
2. Engineeringvorteil: Beschleunigung des Engineering-Prozesses durch parallele Modellierung der unterschiedlichen Subsysteme
3. Effizienzvorteil: Jeder Solver kann sein Subsystem mit zugeschnittener Schrittweite integrieren (insbesondere vorteilhaft, wenn Subsysteme stark unterschiedliche Frequenzen aufweisen)

Das Gesamtsystem wird durch Kopplung der Teilsysteme simuliert. Hierfür musste die Möglichkeit der Kopplung von Programmen geschaffen werden. Die Grundlagen zur Kopplung bzw. die Grundlagen der Co-Simulation werden nachfolgend beschrieben.

3.2 Grundlagen der Co-Simulation

Der Begriff der Kopplung wurde bereits mehrfach verwendet und soll daher näher erläutert werden. Kopplung bedeutet, dass zwei getrennt modellierte Systeme durch Austausch zu definierender Größen miteinander verbunden werden. Hierfür müssen die Zeitpunkte festgelegt werden, zu denen die Werte der Teilsysteme ausgetauscht werden. Bei der Kopplung wird zwischen einer „schwachen" und einer „starken" Kopplung unterschieden. Unter der starken Kopplung wird ein Codeimport des einen Teilsystems in ein zweites Teilsystem verstanden. Die schwache Kopplung entspricht der in dieser Arbeit betrachteten Co-Simulation, bei der mehrere Programme mit ihren Solvern parallel rechnen und zu definierten Zeitpunkten Daten austauschen. Hierfür müssen sowohl die Austauschgrößen als auch die entsprechenden Programmschnittstellen zur Verfügung stehen.

Wird nun beispielsweise ein Gesamtsystem durch Kopplung zweier Teilsysteme simuliert, bilden die Ausgangsgrößen von Teilsystem 1 die Eingangsgrößen von Teilsystem 2 und umgekehrt. Dies lässt sich nach /S5/ wie folgt darstellen:

Teilsystem 1:	**Teilsystem 2:**
Zustandsgrößen: $\dot{x}_1 = f_1(x_1, u_1)$	Zustandsgrößen: $\dot{x}_2 = f_2(x_2, u_2)$
Ausgangsgrößen: $y_1 = g_1(x_1, u_1)$	Ausgangsgrößen: $y_2 = g_2(x_2, u_2)$

Die Kopplung lautet dann: $u_1 = y_2$ und $u_2 = y_1$.

Für die Kopplung selbst stehen nach Schweizer /S5/ zwei Arten zur Verfügung, zum einen die Kopplung über eingeprägte Kräfte und die Kopplung über „Reaktionskräfte“. Sie unterscheiden sich in der Nullstabilität, welche für die Kopplung über die eingeprägten Kräfte garantiert ist, was für die Kopplung über die Reaktionskräfte nicht der Fall ist. Die numerische Stabilität muss für beide Ansätze separat untersucht und garantiert werden.

3.2.1 Physikalische Kopplung (Kopplung über eingeprägte Kräfte)

Die physikalische Kopplung über eingeprägte Kräfte lässt sich auf zwei Arten realisieren. Zum einen besteht die Möglichkeit einer Weg-Weg-Kopplung, bei der beide Teilsysteme kinematische Größen austauschen. Die auftretende Kopplungskraft muss dabei in beiden Teilsystemen berechenbar sein.

Die zweite Möglichkeit stellt die Kraft-Weg-Kopplung dar. Hierbei übergibt Teilsystem 1 kinematische Größen. Teilsystem 2 übergibt Kräfte. Die Kopplungskraft wird nur auf einer Seite berechnet. Diese Vorgehensweise wird bei der Kopplung von Mechanik und Hydraulik häufig eingesetzt.

3.2.2 Constraint Kopplung (Kopplung über Reaktionskräfte)

Die so genannte Constraint Kopplung bzw. die Kopplung über Reaktionskräfte lässt sich ebenfalls auf zwei Arten realisieren. Es besteht wiederum die Möglichkeit einer Weg-Weg-Kopplung, bei der kinematische Größen ausgetauscht werden. Die jeweilige Reaktionskraft wird auf beiden Seiten mit Hilfe des Lagrange-Multiplikators berechnet. Diese Vorgehensweise wird bei Modellen mit Kontaktkopplung eingesetzt.

Bei der zweiten Möglichkeit wird wiederum über eine Kraft-Weg-Kopplung realisiert. Die Reaktionskraft wird nur auf einer Seite mit Hilfe des Lagrange-Multiplikators berechnet. Es werden Kräfte und kinematische Größen ausgetauscht. Die Kopplung entspricht einer physikalischen Kopplung mit unendlich steifen Federn. Diese Kopplungsart wird ebenfalls bei der Kopplung von Mechanik und Hydraulik eingesetzt.

Nachfolgend soll nun der Ablauf einer Simulation beschrieben werden, nachdem eine Kopplung festgelegt wurde.

3.3 Co-Simulationsschema

Die Co-Simulation kann nach Aufteilung des Gesamtsystems in Teilsysteme als Master-Slave-Beziehung nach dem so genannten Multi-Rate-Schema ausgeführt werden. Beim Multi-Rate-Schema werden die Schrittweiten der beteiligten Programme an das jeweilige Teilsystem entsprechend dessen Eigenschaften (steif oder weich) angepasst. Die Kommunikationsschrittweite kann sich von den jeweiligen Integrationsschrittweiten unterscheiden. Es gilt jedoch nach /D5/ die Vorschrift:

$$H = m \cdot h, \tag{3.1}$$

wobei H die Kommunikationsschrittweite, h die Integrationsschrittweite des jeweiligen Programms und m der so genannte Multi-Rate-Faktor ist, der aus der Menge der Ganzen Zahlen stammt.

Neben dem Multi-Rate-Schema kann die Co-Simulation auch durch ein Multi-Method-Schema durchgeführt werden. Hierbei werden unterschiedliche Diskretisierungsmethoden verwendet. Ziel beider Methoden ist die Effizienzsteigerung der Co-Simulation. Weiterführende Informationen zu den Methoden finden sich in /D5/.

Im nachfolgenden Beispiel wird ein Gesamtsystem durch Kopplung zweier Teilsysteme nach dem Multe-Rate-Schema simuliert. Das Teilsystem 1 übernimmt die Masterfunktion und gibt somit die Zeitpunkte des Datenaustauschs vor, Teilsystem 2 stellt den Slave dar. Zu Beginn der Simulation übergibt das Teilsystem 2 in einem ersten Schritt seine Startwerte an das Teilsystem 1. Das Teilsystem 1 wird nun über den Zeitschritt t_{n-1} bis t_n integriert. Parallel dazu werden die Werte des Teilsystems 2 extrapoliert, die für die Integration von Teilsystem 1 benötigt werden.

Nachdem das Teilsystem 1 seine Integration beendet hat, übergibt es seine neuen Werte in einem Kommunikationsschritt an das Teilsystem 2. Diese beschriebenen Vorgänge sind in **Abbildung 3.1** dargestellt. Nach Ablauf dieses ersten Schritts folgt der in **Abbildung 3.2** dargestellte zweite Schritt.

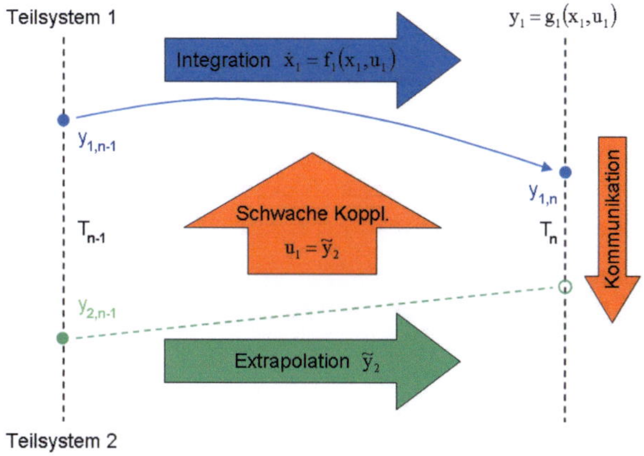

Abbildung 3.1: Klassisches Multirate Schema, nach /S5/, Schritt 1

Im zweiten Schritt führt das Teilsystem 2 ausgehend von den übermittelten Werten seinen Integrationsschritt von t_{n-1} bis t_n durch. Die für die Berechnung benötigten Werte des Teilsystems 1 werden interpoliert, um sprungförmige Änderungen der Werte zu verhindern. Am Ende des Integrationsschrittes übergibt das Teilsystem 2 seine berechneten Werte an das Teilsystem 1.

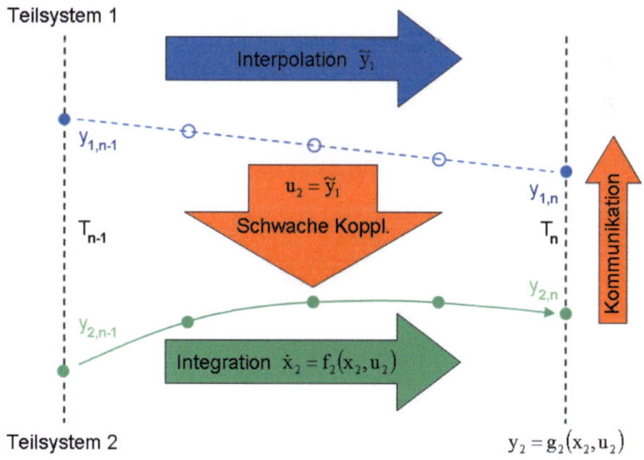

Abbildung 3.2: Klassisches Multirate Schema, nach /S5/, Schritt 2

Diese beiden Simulationsschritte werden so lange wiederholt, bis das Ende der Simulation erreicht ist oder ein Fehler zum Abbruch der Simulation führt. **Abbildung 3.3** stellt die beiden beschriebenen Schritte noch einmal in einer Abbildung dar. Grundlegend bei dieser Art der Kopplung ist die nacheinander ausgeführte Integration. Diese Form der gekoppelten Simulation wird nach /S5/ Gauß-Seidel-Typ genannt. Es ist dabei nicht festgelegt, welches Teilsystem die Masterfunktion übernimmt. Diese Festlegung muss durch den Anwender getroffen werden.

Bei Teilsystemen mit ähnlichen Systemeigenschaften, d.h. ähnlichen Steifigkeiten bzw. ähnlichen Frequenzanteilen, ist die Wahl unbedenklich. Unterscheiden sich die Systemeigenschaften, kann zwischen einer Fastest-First- oder einer Slowest-First-Kopplung unterschieden werden. Fastest-First bedeutet dabei, dass das steife Teilsystem als erstes integriert wird. Slowest-First hingegen bedeutet, dass das weiche Teilsystem als erstes integriert wird.

Bei der Fastest-First-Kopplung werden zunächst die sich langsam ändernden Größen extrapoliert, was zu einem geringen Fehler führt. Allerdings ist bei kleiner Kommunikationsschrittweite der Speicheraufwand hoch, was den Einsatz einer Schrittweitensteuerung erschwert. Bei der Slowest-First-Kopplung müssen schnelle Größen extrapoliert werden, was den Fehler vergrößert. Dafür ist eine Schrittweitensteuerung aufgrund des geringeren Speicheraufwandes geringer.

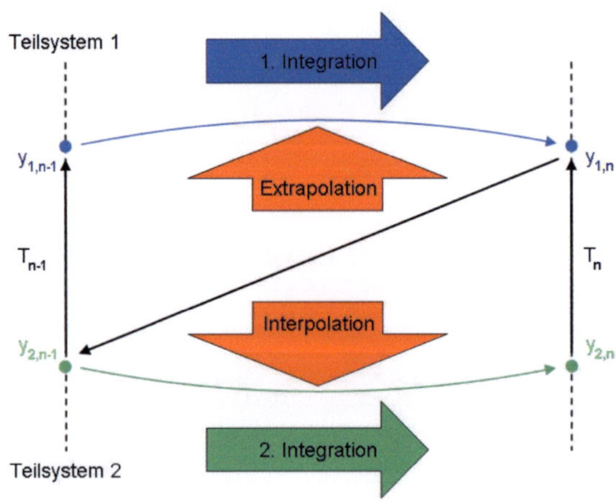

Abbildung 3.3: Integrationsreihenfolge Gauß-Seidel-Typ nach /S5/

Neben dem beschriebenen Gauß-Seidel-Typ gibt es nach /S5/ noch den Jacobi-Typ. Hierbei tauschen beide Teilsysteme gleichzeitig ihre aktuellen Werte aus und integrieren parallel. Die Werte des jeweiligen anderen Teilsystems werden dabei extrapoliert. Diese Form der gekoppelten Simulation ist in **Abbildung 3.4** dargestellt.

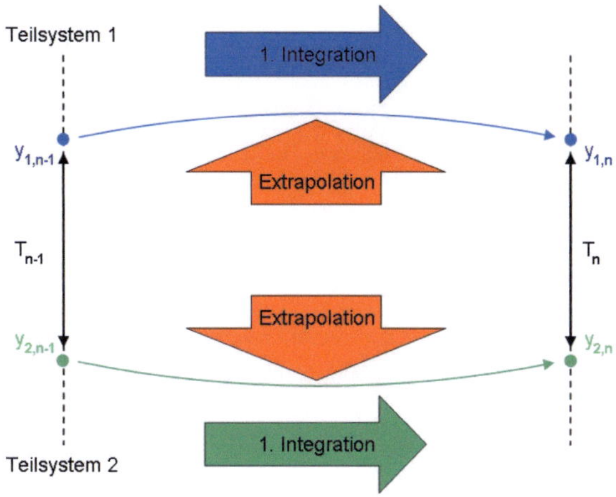

Abbildung 3.4: Integrationsreihenfolge Jacobi-Typ nach /S5/

3.4 Austauschgrößen und Schnittstellenelemente

Über die Modellbildung wurde in **Kapitel 2 Grundlagen der Modellbildung und Simulation** bereits berichtet. Die Modellbildung beinhaltet für die Durchführung einer gekoppelten Simulation die Aufteilung des Gesamtsystems in Teilsysteme, um diese einzeln modellieren und anschließend über Kopplung der Teilsysteme das Gesamtsystem simulieren zu können. Nachfolgend soll auf die Austauschgrößen bei der gekoppelten Simulation eingegangen werden.

Wie bei den Grundlagen zur Co-Simulation bereits angedeutet, werden bei der Kopplung von Teilsystemen Zustandsgrößen der Teilsysteme ausgetauscht. Zustandsgrößen werden durch Integration berechnet und beschreiben den aktuellen Zustand des Systems. Einen Überblick über die Zustandsgrößen verschiedener physikalischer Domänen gibt **Tabelle 3.1**. Die dort dargestellten Größen leiten sich aus der für die Modellierung elektrischer Netzwerke verwendeten Mehrpoltheorie ab (siehe hierzu auch /D5/). In einer Verallgemeinerung der Mehrpoltheorie wird festgelegt, dass Schnittstellen zwischen Teilsystemen durch zwei so genannte „dynamisch konjungierte Variablen“ beschrieben werden, der Differenzvariable und der Flussvariable. Das Produkt aus beiden Variablen ergibt eine Leistung.

Tabelle 3.1: Differenz und Flussvariablen für verschiedene physikalische Disziplinen nach /B2/ und /D5/

Physikalische Domäne	Differenzvariable	Flussvariable
Mechanik	Geschwindigkeit	Kraft
Elektrik	Spannung	Strom
Hydraulik	Druck	Volumenstrom
Pneumatik	Druck	Massenstrom
Thermik	Temperatur	Wärmestrom

Neben den Leistungsgrößen können weitere Zustandsgrößen in der Schnittstelle übergeben werden. Dies hängt von der zu simulierenden Aufgabenstellung ab. Für die Positionsregelung eines Fahrzeugs ist es beispielsweise notwendig, die Istposition an den Regler zu melden. Ansonsten muss diese aus dem Geschwindigkeitssignal integriert werden, was ein Fehlerpotential birgt.

Die zusätzlich zur Verfügung stehenden Austauschgrößen ergeben sich somit entsprechend der Struktur mechatronischer Systeme aus den Informations-, Energie- oder Stoffflüssen. Ein Beispiel eines fiktiven Systems ist in **Abbildung 3.5** zu sehen. Dieses fiktive System besteht aus einem mechanischen, zwei hydraulischen und zwei regelungstechnischen Teilsystemen. Für jedes Teilsystem sind die jeweiligen Eingangs- und Ausgangsgrößen dargestellt. Es ist möglich, sowohl Teilmodelle aus unterschiedlichen wie auch aus gleichen Fachdisziplinen miteinander zu koppeln. Die Austauschgrößen lassen sich somit in interne (innerhalb einer Fachdisziplin, blaue Pfeile) und externe (fachdisziplinübergreifend, schwarze Pfeile) unterscheiden.

Nach der Vorstellung der Austauschgrößen sollen nachfolgend einige Schnittstellenelemente für die Kopplung von Mechanik und Hydraulik sowie für die Kopplung von Mechanik und Elektrik beispielhaft dargestellt werden (siehe hierzu auch /D6/). Die Aufzählung erhebt keinen Anspruch auf Vollständigkeit, sondern soll das bisher Vorgestellte veranschaulichen.

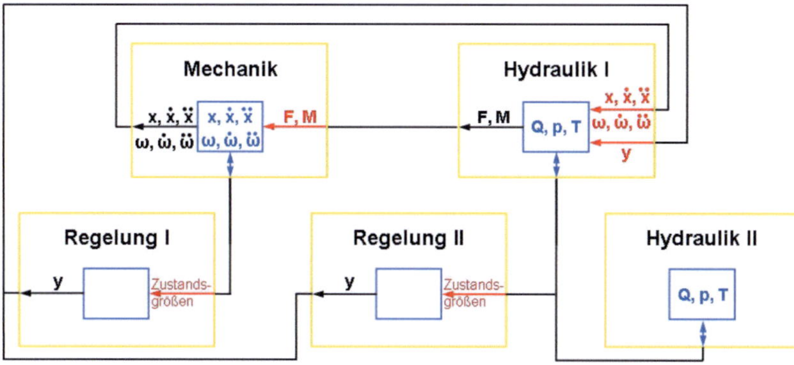

Abbildung 3.5: Verknüpfung der einzelnen Teilmodelle unterschiedlicher Simulationsprogramme /B6/

3.4.1 Kopplung zwischen Mechanik und Hydraulik

Die Kopplung zwischen Mechanik und Hydraulik findet dort statt, wo mechanische in hydraulische bzw. hydraulische in mechanische Leistung gewandelt wird. Dies geschieht an Pumpen und Motoren. Es macht dabei keinen Unterschied, ob rotatorische oder translatorische Verbraucher als Schnittstellenelemente verwendet werden. Beispiele für Schnittstellenelemente sind daher Hydraulikpumpen, Hydraulikzylinder oder Hydraulikmotoren.

Die mechanische Leistung P_{mech} für rotatorische Bewegungen ist nach /B3/ definiert als das Produkt aus Drehmoment M und Winkelgeschwindigkeit ω. Die Winkelgeschwindigkeit ω wiederum ist definiert als das Produkt aus Drehzahl n, der Kreiszahl π und dem Faktor 2.

$$P_{mech} = M \cdot \omega = M \cdot 2\pi \cdot n \tag{3.2}$$

Die mechanische Leistung P_{mech} für translatorische Bewegungen ist nach /B3/ definiert als das Produkt aus Kraft F und Geschwindigkeit v.

$$P_{mech} = F \cdot v\,. \tag{3.3}$$

Die mechanische Kraft ist nach Newton definiert als das Produkt aus Masse m und Beschleunigung $\ddot{x}$. Für den dreidimensionalen Fall ergibt sich somit ein Kraftvektor $\vec{F}$ zu

$$\sum \vec{F} = m \cdot \ddot{\vec{x}}_s \tag{3.4}$$

mit dem Beschleunigungsvektor $\ddot{\vec{x}}_S$. Analog hierzu ergibt sich für rotatorische Bewegungen der Momentenvektor $\vec{M}$ zu

$$\sum \vec{M} = \Phi \cdot \ddot{\vec{\varphi}}, \tag{3.5}$$

wobei Φ der Trägheitstensor und $\ddot{\vec{\varphi}}$ der Vektor der Winkelbeschleunigungen ist. Der Trägheitstensor lässt sich durch seine Trägheitsmomente J ausdrücken zu

$$\Phi = \begin{pmatrix} J_x & J_{xy} & J_{xz} \\ J_{yx} & J_y & J_{yz} \\ J_{zx} & J_{zy} & J_z \end{pmatrix}. \tag{3.6}$$

Bei idealer Betrachtung ergibt sich aus der mechanischen Leistung die hydraulische Leistung P_{hydr} aus dem Produkt des Differenzdruckes Δp und des Volumenstroms Q. Die Gleichung lautet nach /M13/

$$P_{hydr} = \Delta p \cdot Q. \tag{3.7}$$

Die hydraulische Leistung kann wiederum rotatorisch oder translatorisch auftreten. Am Beispiel eines hydraulischen Gleichgangzylinders soll die Umwandlung der Leistung veranschaulicht werden.

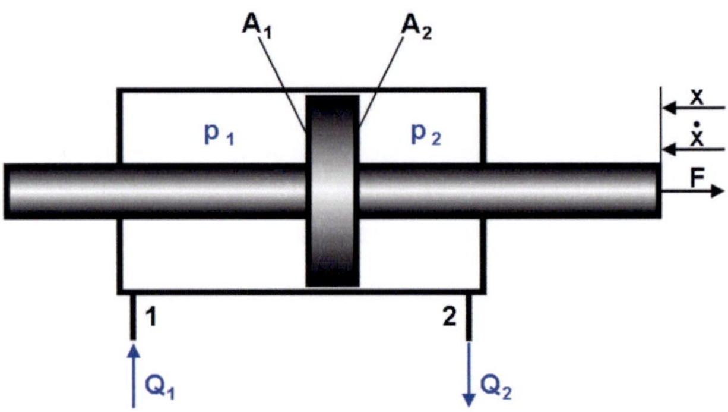

Abbildung 3.6: Hydraulikzylinder als Schnittstelle von Hydraulik und Mechanik nach /G4/

Die hydraulischen Größen am Gleichgangzylinder sind die Größen Druck und Volumenstrom. Aufgrund einer äußeren Last ergibt sich im Zylinder ein Druck. Genauso gilt, dass aufgrund eines anliegenden Druckes durch einen Hydraulikzylinder eine Kraft erzeugt wird. Analog hierzu gilt, dass ein bewegter Zylinderkolben einen Volumenstrom erzeugt bzw. ein Volumenstrom den Zylinderkolben bewegt. Die Hydraulik und die Mechanik sind somit eng miteinander verbunden und beeinflussen sich ge-

genseitig. Nach /M13/ ergeben sich für den Druck und den Volumenstrom folgende Gleichungen:

$$Q = A \cdot v \tag{3.8}$$

$$\Delta p = p_1 - p_2 \tag{3.9}$$

$$\text{mit} \quad p = \frac{F}{A} \quad \text{bzw.} \quad F = p_1 \cdot A_1 - p_2 \cdot A_2 \tag{3.10}$$

Analog ergibt sich für rotatorische Verbraucher der Volumenstrom Q aus dem Produkt aus dem Förder- oder Schluckvolumen V sowie der Drehzahl n und das Drehmoment M aus dem Produkt aus dem Förder- oder Schluckvolumen und des anliegenden Differenzdruckes.

$$Q = V \cdot n \tag{3.11}$$

$$M = \frac{V \cdot \Delta p}{2\pi} \tag{3.12}$$

Die beiden Größen Druck und Volumenstrom sind über die so genannte Druckaufbaugleichung (2.27) miteinander verknüpft. Mit Hilfe der Druckaufbaugleichung wird nach /M13/ die Druckänderung in einem hydraulischen Volumenelement berechnet, indem die in das Volumenelement ein- bzw. aus dem Volumenelement ausfließenden Volumenströme aufsummiert werden. Darüber hinaus haben das Ausgangsvolumen V_0 des Volumenelements und der Ersatzkompressionsmodul $E_{Öl}$' des Öls Einfluss auf den Druckaufbau im Volumenelement.

$$\dot{p} = \frac{1}{C_H} \sum_i Q_i$$

$$\text{mit} \quad C_H = \frac{V_0}{E_{Öl}'} \tag{3.13}$$

Für den Gleichgangzylinder ergibt sich somit folgender rechnerische Zusammenhang zwischen Hydraulik und Mechanik: Mit einer in der Mechanik berechneten Geschwindigkeit v lassen sich in der Hydraulik über die Flächen A_1 und A_2 Volumenströme Q_1 und Q_2 berechnen. Anhand dieser und weiterer Volumenströme (beispielsweise aus der Pumpe) lassen sich Druckänderungen $\dot{p}_1$ und $\dot{p}_2$ in den Zylinderkammern berechnen, aus denen über Integration die Drücke p_1 und p_2 ermittelt werden. Über die Zylinderkolbenflächen A_1 und A_2 ergibt sich daraus eine Kraft F, die wiederum in der Mechanik über die Masse m zu einer Beschleunigung $\ddot{x}$ führt. Aus der Beschleunigung lassen sich über Integration die Geschwindigkeit v und der Weg x berechnen. Als Austauschgrößen ergeben sich somit für die Kopplung von Mechanik und Hydraulik Kräfte, Momente, Wege, Winkel, Geschwindigkeiten und Winkelgeschwindigkeiten.

Die Übergabe des Weges oder des Winkels ist nicht zwingend erforderlich, da sie aus den jeweiligen Geschwindigkeitsgrößen integriert werden können. Allerdings birgt dies ein Fehlerpotential. Sie werden dennoch übergeben, um die hydraulische Kapazität berechnen zu können. Diese ändert sich mit der Position des Zylinders. Daher muss die Gleichung (3.13) zur Berechnung der hydraulischen Kapazität um einen positionsabhängigen Anteil V_x erweitert werden.

$$C_H = \frac{V_0 + V_x}{E_{Öl}} \tag{3.14}$$

3.4.2 Kopplung zwischen Mechanik und Elektrik

Die Kopplung zwischen Mechanik und Elektrik erfolgt analog der Kopplung zwischen Mechanik und Hydraulik an den Elementen, an denen mechanische Leistung in elektrische Leistung bzw. elektrische in mechanische Leistung gewandelt wird. Dies geschieht an elektrischen Generatoren und Motoren. In diesem Fall wird exemplarisch ein rotatorischer Verbraucher betrachtet. Elektrische Linearmotoren finden sich in mobilen Arbeitsmaschinen in Form eines Elektromagneten bei der Ventilansteuerung.

Die elektrische Leistung berechnet sich nach /B3/ aus dem Produkt aus der Spannung U und der Stromstärke I, wobei auch in diesem Fall von einem idealen System ausgegangen wird.

$$P_{elektr} = U \cdot I \tag{3.15}$$

Die Spannung U ist dabei definiert als das Verhältnis aus Arbeit W pro Ladung Q

$$U = \frac{W}{Q} \tag{3.16}$$

und der Strom I als das Verhältnis aus Ladung Q pro Zeit t.

$$I = \frac{Q}{t}. \tag{3.17}$$

Am Beispiel eines permanenterregten Gleichstrommotors soll die Kopplung von Mechanik und Elektrik in Anlehnung an /D6/ betrachtet werden. Es werden nur die relevanten Gleichungen vorgestellt. Die vollständige Herleitung der Gleichungen wird beispielsweise von Justus in /J2/ beschrieben. Die Schaltung des permanenterregten Gleichstrommotors zeigt **Abbildung 3.7**.

Aufgrund der Winkelgeschwindigkeit ω wird eine Spannung u_i im Gleichstrommotor induziert, die einer Speisespannung u_a entgegenwirkt. Die induzierte Spannung berechnet sich zu

$$u_i = \frac{k_M \cdot \omega}{u}, \tag{3.18}$$

wobei k_M eine Drehmomentkonstante und u das Übersetzungsverhältnis sind.

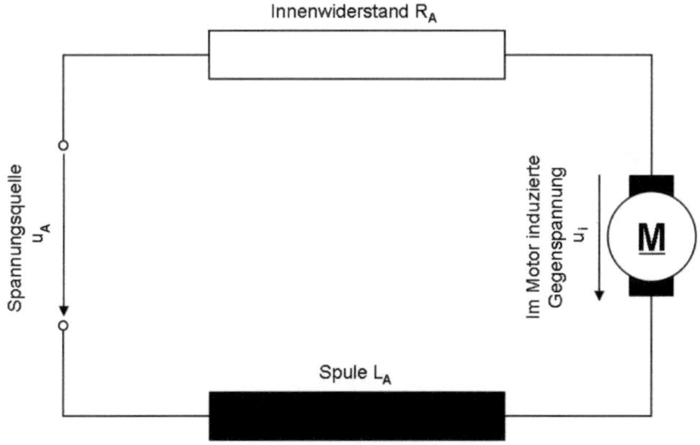

Abbildung 3.7: Schaltung des permanenterregten Gleichstrommotors nach /D6/

Der Zusammenhang zwischen der Speisespannung u_A, der induzierten Spannung u_i und des Stroms i lässt sich mit Hilfe des 2. Kirchhoffschen Gesetzes herstellen. Die Gleichung für die oben abgebildete Schaltung lautet dann

$$\sum_j u_j = 0 = u_A - R_A \cdot i - L_A \cdot \dot{i} - u_i, \tag{3.19}$$

wobei R_A der ohmsche Innenwiderstand des Gleichstrommotors und L_A die Induktivität der Spule sind. Aus dieser Gleichung lässt sich der Motorstrom i berechnen. Mit Hilfe des Motorstroms i, der Drehmomentkonstanten k_M und des Übersetzungsverhältnisses u lässt sich nun das Motormoment des Gleichstrommotors berechnen.

$$M_e = \frac{k_M \cdot i}{u}. \tag{3.20}$$

Die Kopplung der Mechanik mit der Elektrik erfolgt somit durch die Austauschgrößen Drehmoment M und Winkelgeschwindigkeit ω, worin sich erneut die Analogie zwischen der Mechanik-Hydraulik-Kopplung und der Mechanik-Elektrik-Kopplung zeigt.

Nach der Vorstellung der Austauschgrößen und Schnittstellenelemente werden nachfolgend die in dieser Arbeit verwendeten Simulationsprogramme vorgestellt. Dabei werden im Speziellen die Schnittstellen dargestellt und ein Überblick über die in den Programmen verwendeten Solver gegeben.

3.5 Beschreibung der verwendeten Simulationsprogramme

Für die Simulation mechatronischer Systeme werden in dieser Arbeit die Programme MATLAB/Simulink, SIMPACK, AMESim und DSHplus verwendet. Mit ihrer Hilfe lassen sich regelungstechnische, mechanische und hydraulische Systeme simulieren. Mit Hilfe von AMESim ist auch die Simulation elektrischer Systeme möglich, wobei diese in dieser Arbeit nicht betrachtet werden. Nachfolgend sollen die einzelnen Programme beschrieben werden.

3.5.1 MATLAB/Simulink

Der Name **MATLAB** leitet sich nach /W8/ aus dem englischen Begriff „**Mat**rix **La**boratory“ ab. MATLAB erleichtert den Zugang zu der in den LINPACK und EISPACK Projekten entwickelten Matrix-Software. Nach /M3/ gilt MATLAB als eine Computerhochsprache und interaktive Umgebung, um Algorithmenentwicklung, Datenvisualisierung, Datenanalyse und numerische Berechnungen durchführen zu können. MATLAB operiert nach /W8/ direkt auf Matrizen und ermöglicht so die Lösung Matrix-basierter Probleme auf einem wesentlich höheren Abstraktionsniveau als z.B. in FORTRAN oder C. MATLAB ist durch so genannte Toolboxen erweiterbar. Toolboxen sind in der MATLAB-Programmiersprache geschriebene Unterprogramme. Darüber hinaus können FORTRAN- oder C-Unterprogramme in MATLAB eingebunden werden. /W8/ MATLAB wird aufgrund seiner hohen Funktionalität zur Modellierung und Simulation technischer Systeme eingesetzt und hat sich zu einem Quasi-Standard sowohl an Hochschulen als auch in der Industrie entwickelt. Es arbeitet kommandozeilenbasiert mit einer eigenen Programmiersprache. Abfolgen von Befehlen können in Skripten oder Funktionen zusammengefasst werden. Sie werden sequenziell durch den MATLAB-Interpreter abgearbeitet.

Als Erweiterung von MATLAB kann das Simulationsprogramm Simulink betrachtet werden. Mit Simulink können nach /W8/ nichtlineare Simulationen dynamischer Systeme durchgeführt werden. Die Modelle werden mit Hilfe einer grafischen Benutzeroberfläche als Blockdiagramm erstellt, indem einzelne Blöcke auf einer Oberfläche platziert und durch Signale miteinander verbunden werden. Die Blöcke sind in so genannten Toolboxen hinterlegt, die ständig erweitert werden. So stehen mittlerweile neben den Toolboxen zur Regelungsmodellierung bzw. zur mathematischen Beschreibung technischer Systeme auch Toolboxen zur Verfügung, die auf Fachgebiete spezialisiert sind wie zum Beispiel die SIMSCAPE-Toolbox, mit deren Hilfe hydraulische oder mechanische Systeme oder Antriebsstränge modelliert und simuliert werden können. Die Blockschaltbilder entsprechen dann den jeweiligen Fachgebieten wie beispielsweise Ventilblöcken, Federn oder Massen.

Bei der Modellierung mit Simulink handelt sich um eine signalbasierte Modellierung, bei der nach /M5/ die zeitabhängigen mathematischen Beziehungen zwischen den Eingangs-, Zustands- und Ausgangsgrößen dargestellt werden. Die einzelnen Blöcke können diskreten oder kontinuierlichen Charakter haben. Simulink kann lineare und nichtlineare, zeitlich diskrete und kontinuierliche Systeme simulieren.

Für die Simulation eines Modells in Simulink werden nach dem Modellaufbau automatisch die den einzelnen Blöcken hinterlegten Gleichungen zu einem System zusammengefasst, was Kompilieren genannt wird. Die Simulation selbst gliedert sich nach /M5/ in zwei Phasen: die Initialisierungsphase und die Berechnungs- bzw. Iterationsphase. Die Initialisierung findet einmal zu Beginn der Simulation statt. Zunächst werden die Startwerte der einzelnen Blöcke abgefragt sowie die zu simulierenden Ausgangsgrößen spezifiziert. Während der eigentlichen Simulation werden in jedem Zeitschritt die Eingangs-, Zustands- und Ausgangsgrößen berechnet. Der Zeitschritt wird durch den verwendeten Solver vorgegeben.

Die Berechnung der einzelnen Größen wird solange wiederholt, bis die Simulation endet oder ein Fehler einen Abbruch verursacht. Der Anwender hat die Möglichkeit, die Start- und Stoppzeit der Simulation vorzugeben. Darüber hinaus stehen ihm Möglichkeiten zur Datenvisualisierung und Speicherung zur Verfügung. Über so genannte S-Functions ist eine Kopplung mit anderen Simulationsprogrammen möglich. **Abbildung 3.8** zeigt den S-Function-Block aus der Simulink –Toolbox „User-defined function“ sowie dessen grafische Benutzeroberfläche.

Eine S-Function ist nach /M6/ ein Simulink-Block, dessen Funktion durch eine Computersprache wie MATLAB®, C, C++, Ada, oder Fortran beschrieben werden kann.

Die S-Function kann vom Anwender programmiert werden. Dadurch kann er Blöcke mit spezifischen Eigenschaften erstellen. Die Hersteller kommerzieller Simulationsprogramme nutzen die S-Function als Schnittstelle zwischen ihrem Programm und Simulink. Dabei verfolgen die einzelnen Herstellern unterschiedliche Strategien.

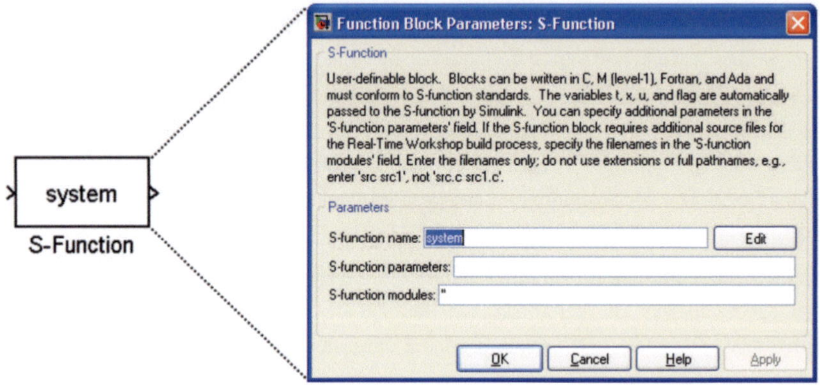

Abbildung 3.8: Simulink S-Function: Blockbild (links), Benutzeroberfläche (rechts)

Die Firma SIMPACK stellt ein Simulink-File namens simat.mdl zur Verfügung, worüber die Kommunikation zwischen Simulink und SIMPACK realisiert wird. Die Firma LMS greift auf die Original-S-Function aus der Simulink-Toolbox zurück. Durch Eintrag des Namens des zu koppelnden AMESim-Modells verändert sich das Aussehen der S-Function und passt sich dem Modell an, indem die Eingangs- und Ausgangsgrößen visualisiert werden. Hierfür werden beim Modellexport für die gekoppelte Simulation aus AMESim entsprechende Files mitexportiert. Die Firma Fluidon erstellt beim Export des Modells ein Simulink-File in Form einer S-Function. Die grafische Benutzeroberfläche der S-Function ist an das DSHplus-Modell angepasst. Weitere Informationen zu den Schnittstellen der einzelnen Programme finden sich nachfolgend bei der Beschreibung der einzelnen Programme.

Für die eigentliche Simulation der Modelle nutzt Simulink die numerischen Verfahren von MATLAB. Nachfolgend sollen die zur Verfügung stehenden Solver unter Simulink vorgestellt werden. Diese Solver berechnen die Simulink-Modelle. Enthält ein Modell eine S-Function, welche als Schnittstelle zu anderen Programmen verwendet wird, wird diese S-Funtion in jedem Simulationszeitschritt „angesprochen“ und deren aktuelle Werte abgefragt. Die Berechnung des anderen Modells wird nicht durch den

Simulink-Solver durchgeführt, sondern geschieht extern in dem an Simulink angekoppelten Programm.

Solver unter Simulink

Unter Simulink stehen laut /M4/ grundsätzlich zwei Arten von Solvern zur Verfügung, die so genannten Fixed-Step Continuous Solver sowie die Variable-Step Continuous Solver. Bei den Fixed-Step Continuous Solver ist die Schrittweite während der Simulation konstant. Es kann zwischen expliziten und impliziten Solvern gewählt werden. Folgende Solver stehen nach /M4/ zur Auswahl:

- ode1: Verfahren nach Euler
- ode2: Verfahren nach Heyn
- ode3: Bogacki-Shampine-Formeln
- ode4: Runge-Kutta-Formeln 4. Ordnung
- ode5: Dormand-Prince-Formeln

Bei einem Variable-Step Solver wird die Schrittweite entsprechend der Systemdynamik angepasst und kann sich somit während der Simulation ändern. Das bedeutet, dass der Variable-Step Continuous Solver bei sehr hohen Dynamiken (großen Änderungen der Zustandsgrößen) die Schrittweite reduziert, um das System entsprechend genau abbilden zu können, bei geringen Dynamiken vergrößert er die Schrittweite. Mit dieser Variabilität lässt sich im Vergleich zur festen Schrittweite die Simulationszeit reduzieren. Folgende Solver stehen nach /M4/ zur Verfügung:

- ode45: ein auf dem expliziten Runge-Kutta-Verfahren (4,5) basierender Ein-Schritt-Solver, dessen Korrektorschritt mit den Dormand-Prince-Formeln berechnet wird; Einsatz bei weichen oder mäßig steifen Systemen; meistens beste Wahl für einen ersten Berechnungsversuch;
- ode23: ein auf dem expliziten Runge-Kutta-Verfahren (2,3) basierender Ein-Schritt-Solver, dessen Korrektorschritt mit den Bogacki-Shampine-Formeln berechnet wird; bei weichen Systemen oder groben Toleranzen effizienter als ode45;
- ode113s: ein auf dem Adams-Bashforth-Moulton basierender Mehr-Schritt-Solver mit variabler Ordnung; bei engen Toleranzen effizienter als ode45;
- ode15s: ein auf den numerischen Differenzen Formeln basierender Mehr-Schritt-Solver, verwandt mit den Rückwartsdifferenzen-Solvern (Gear-

Verfahren), aber effizienter; geeignet für steife Systeme oder wenn ode45 fehlerhaft bzw. uneffizient war;

- ode23s: ein auf den Rosenbrock Formeln basierender Ein-Schritt-Solver; geeignet für steife Systeme, bei groben Toleranzen effektiver als ode15s;
- ode23t: ein auf der Trapezregel basierender Solver mit freier Interpolation; geeignet für mäßig steife Systeme und wenn numerische Dämpfung erwünscht ist;
- ode23tb: ein auf der Trapezregel und den Rückwärtsdifferenzen 2. Ordnung basierender Solver; wie ode23s effizienter als ode15s bei groben Toleranzen

3.5.2 SIMPACK

Das Simulationsprogramm SIMPACK wurde Mitte der achtziger Jahre vom deutschen Luft- und Raumfahrtzentrum (DLR) und der Firma MAN entwickelt /W9/. Die kommerzielle Vermarktung und Weiterentwicklung übernahm das 1993 gegründete Spin-Off Unternehmen Intec GmbH, welches 2009 in SIMPACK AG umbenannt wurde. SIMPACK ist ein Mehrkörpersimulationsprogramm, mit dem das Verhalten und die Bewegungen mechanischer und mechatronischer Systeme analysiert und entwickelt werden kann.

Kernelement des Simulationsprogramms SIMPACK ist das Grundmodul „SIMPACK Kinematics and Dynamics“. Mit diesem Modul können Modelle generiert, gerechnet und ausgewertet werden. Hierfür stehen in SIMPACK ein „Pre-Process“ für die Modellerstellung, die „Calculation“ für die Modellberechnung und ein „Post-Process“ für die Auswertung der Berechnung zur Verfügung.

An das Grundmodul können nach /W9/ verschiedene Zusatzmodule angekoppelt werden. Als Zusatzmodule stehen „Aerospace“, „Automotive“, „Engine“, „HIL/SIL“, „Rail“ und „Wind“ zur Verfügung. Sie erleichtern die Modellierung und Analyse des jeweiligen Bereichs, da bereits Modelle von Standardkomponenten vorhanden sind oder beispielsweise Möglichkeiten zur Trassierung und Fahrbahnanregung wie bei den Modulen „Automotive“ und „Rail“.

Als weiteres Modul steht MatSIM zur Verfügung. Das MatSIM Modul dient dem Export von MATLAB/Simulink Modellen nach SIMPACK. MaTSIM konvertiert die mittels des Realtime Workshop exportierten Simulink-Modelle in SIMPACK User-Routinen.

SIMPACK bietet darüber hinaus verschiedene Schnittstellen zur Kopplung mit anderen Simulationsprogrammen. Über die FEM-Schnittstelle FEMBS lassen sich elastische Körper in SIMPACK einbinden. Die Einbindung von FE-Codes von ABAQUS®, ANSYS®, MSC.Nastran®, NX Nastran, I-DEAS® und PERMAS ist möglich. Mit dem SIMPACK Code Export kann aus einem SIMPACK-Modell der zugehörige Rechencode der nichtlinearen Bewegungsdifferentialgleichung erzeugt und exportiert werden.

Die Kommunikation mit anderen Programmen wird durch die Inter Process Communication (IPC) Schnittstelle ermöglicht. Diese ist socket-basiert und funktioniert nach dem TCP/IP-Protokoll. Zur Kopplung mit Simulink steht die Schnittstelle SIMAT zur Verfügung. SIMAT ist eine zweiteilige Schnittstelle zwischen SIMPACK und MATLAB/Simulink. Zum einen können lineare Systemmatrizen ausgetauscht werden (Linear System Interface), zum anderen stellt SIMAT eine Co-Simulationsschnittstelle bereit. Die Co-Simulationsschnittstelle ermöglicht die gleichzeitige Simulation von SIMPACK- und Simulink-Modell mit dem jeweiligen Solver sowie dem Austausch der Ergebnisse. Die Schnittstelle sowie die Kopplung zwischen Simulink und SIMPACK sollen zu einem späteren Zeitpunkt beschrieben werden. Zunächst soll kurz auf die Modellierung unter SIMPACK und die Theorie der Mehrkörpersysteme eingegangen werden.

Modellierung in SIMPACK – Theorie der Mehrkörpersysteme

Nachfolgend soll nun nicht die gesamte Theorie der Mehrkörpersysteme hergeleitet werden. Diese beschreiben Schiehlen und Eberhardt in /S2/ oder auch Richard und Sander in /R1/. Es sollen die grundlegenden Begriffe und Gleichungen unter SIMPACK erläutert werden.

Mehrkörpersysteme setzen sich nach /S2/ aus massebehafteten starren Körpern zusammen, deren Lage zueinander über unnachgiebige, masselose Bindungs- und Koppelelemente bestimmt sind. Den starren Körpern werden Trägheiten zugeordnet. Sie haben nach /R1/ sechs Freiheitsgrade, drei translatorische und drei rotatorische. Auf die Körper wirken an diskreten Punkten Einzel- oder Volumenkräfte sowie Einzel- oder Volumenmomente. Als Kraftelemente stehen Federn und Dämpfer zur Verfügung.

Bei der Modellierung eines Mehrkörpersystems in SIMPACK werden die einzelnen Körper relativ zueinander angeordnet, d.h. dass jeder Körper seine Bewegungsfreiheitsgrade in Bezug auf den vorhergehenden Körper zugewiesen bekommt. Die Definition der Lage der Körper untereinander erfolgt über Gelenke. Jedem Körper ist **ein**

Gelenk zugeordnet. Dadurch entstehen so genannte Baumstrukturen. Sie führen auf gewöhnliche Differentialgleichungen (ODE) in Zustandsform. Die Modellierung kinematisch geschlossener Schleifen erfolgt über Zwangsbedingungen. Dadurch entstehen Baumstrukturen mit kinematischen Schleifen (Zwangsbedingungen). Sie führen nach /D5/ auf Differential-Algebraische Gleichungen (DAE) in Deskriptorform vom Typ DAE Index 2.

Die Gleichungen für jeden Körper werden nach Newton-Euler formuliert und durch Linksmultiplikation mit der transponierten lokalen Gelenk-Jacobimatrix auf lokale Minimalkoordinaten reduziert. Diese Vorgehensweise wird rekursiv für jeden Körper des Systems wiederholt. Es ergibt sich die gewöhnliche Differentialgleichung in expliziter Form mit Minimalkoordinaten

$$\ddot{q} = M^{-1}(q) f(q, \dot{q}), \tag{3.21}$$

wobei q die Minimalkoordinaten und M die symmetrische Massenmatrix ist.

Diese Gleichung lässt sich auch in impliziter Form aufstellen. Dieser Formalismus wird nach /D5/ als Resudien-Algorithmus bezeichnet. Dadurch wird die Berechnung durch implizite Solver vereinfacht, welche bei steifen Systemen oder Differential-Algebraischen Gleichungen zum Einsatz kommen.

Die Anzahl zu lösender Gleichungen sowie die Anzahl der Berechnungsschritte zum Aufstellen der Gleichungen in der oben beschriebenen Form steigt linear mit der Anzahl an Körpern. Die Anzahl der Systemgleichungen kann über die nachfolgende Berechnungsvorschrift ermittelt werden, wobei die Anzahl an Gleichungen (FOS = First order states) von der Anzahl an Freiheitsgraden (DOF = Degree of freedom) und der Anzahl an Zwangsbedingungen (Constraints) abhängt.

$$\sum FOS_{System} = 2 \cdot \sum DOF_{Joint} + \sum Constraint \tag{3.22}$$

Treten im mechanischen System Zwangsbedingungen auf, entstehen Baumstrukturen mit kinematischen Zwangsbedingungen, welche zu Differential-Algebraischen Gleichungen führen, bei denen die in Minimalkoordinaten erzeugten gewöhnlichen Differentialgleichungen um die angegebenen Zwangsbedingungen ergänzt werden. Im Beispiel unten erfolgt die Ergänzung auf Lage- (c_l) als auch auf Geschwindigkeitsebene (c_g). Nach /D5/ ergibt sich somit:

$$\ddot{q} = M^{-1}(q) f(q, \dot{q}) - M^{-1}(q) G^T(q) \lambda \tag{3.23}$$

$$c_l: \quad 0 = g_l(q)$$

$$c_g: \quad 0 = g_g(q, \dot{q}) = G(q) \cdot \dot{q}$$

mit der Zwangskraftmatrix

$$G(q) = \frac{\partial g_1(q)}{\partial q^T}$$

Die Lösung der Differentialgleichungen des mechanischen Systems erfolgt über Solver. SIMPACK bietet zur Lösung verschiedene Solver an. Diese sollen im Folgenden vorgestellt werden.

Solver unter SIMPACK

SIMPACK stellt laut /S7/ Solver zur Lösung sowohl gewöhnlicher Differentialgleichungen (DGL) als auch Differential-Algebraischer Gleichungen zur Verfügung. Ein Überblick über die in SIMPACK auswählbaren numerischen Lösungsverfahren gibt die nachfolgende Aufzählung:

- Euler explizit mit konstanter Schrittweite
- Euler implizit mit konstanter Schrittweite
- Runge-Kutta mit konstanter Schrittweite
- Runge-Kutta-Bettis 3. Ordnung
- DOPRI5/4
- LSODE
- SODASRT
- SODASRT_2 – voreingestellter Solver
- RADAU5

Der in SIMPACK voreingestellte SODASRT_2-Solver basiert auf der frei verfügbaren numerischen Standardmethode DASSL, welche 1982 entwickelt wurde. Der SODARST_2 ist ein Solver mit variabler Schrittweiten- und Ordnungssteuerung und eignet sich für steife und nicht-steife DAEs. Darüber hinaus kann dieser Solver mit Unstetigkeiten wie beispielsweise Kontaktmodellierungen rechnen. In SIMPACK werden diese Phänomene durch so genannte Root Functions erkannt und behandelt, d.h. im Bereich um eine Unstetigkeit wird die Rechenschrittweite reduziert, um die Bewegung exakt wiedergeben zu können.

Co-Simulation von SIMPACK und MATLAB/Simulink

Die Kopplung von MATLAB/Simulink und SIMPACK erfolgt über die SIMAT-Schnittstelle. Die SIMAT-Schnittstelle ist als S-Function ausgeführt und in **Abbildung 3.9** dargestellt.

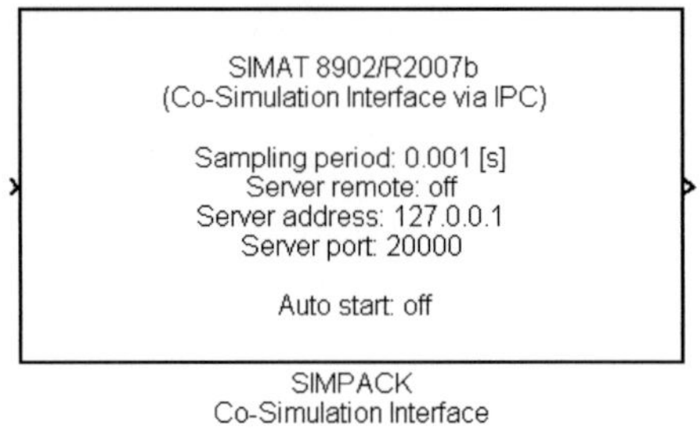

Abbildung 3.9: SIMAT-Schnittstelle unter Simulink

Die Co-Simulation erfolgt in einer Master-Slave-Beziehung. Simulink fungiert hierbei als Master und SIMPACK als Slave. Zur Vorbereitung auf die Co-Simulation müssen unter SIMPACK die Austauschgrößen definiert und ein Server für MATLAB konfiguriert und gestartet werden. Für die Übergabe der Austauschgrößen stehen zwei Vektoren zur Verfügung. Im u-Vektor werden die Austauschgrößen eingetragen, die von Simulink an SIMPACK übergeben werden. Im y-Vektor werden die Austauschgrößen eingetragen, die von SIMPACK an Simulink übergeben werden.

Die Benutzeroberfläche für die Konfiguration des Servers ist in **Abbildung 3.10** zu sehen. Zunächst muss nach /S6/ die Simulationsart gewählt werden. Bei der Co-Simulation mit Simulink wird „Act as Master" gewählt. Das bedeutet, dass SIMPACK den Server zur Verfügung stellt und daher in Bezug auf den Server der Master ist. Die Steuerung von Start und Stopp bei der Co-Simulation erfolgt durch Simulink, wodurch in Bezug auf die Co-Simulation SIMPACK der Slave ist. Die Simulationsart „Act as Slave" wird beispielsweise bei der Co-Simulation zweier SIMPACK-Modelle verwendet, bei denen SIMPACK sowohl als Master als auch als Slave auftritt.

Als nächstes muss der TCP-Port angegeben werden. Dieser wird sowohl unter SIMPACK als auch in der SIMAT-Schnittstelle eingestellt und ermöglicht die eigentliche Kommunikation während der Simulation. Das Kommunikationsintervall (Sample Period) kann ebenfalls eingestellt werden. Diese Einstellung erfolgt üblicherweise in der SIMAT-Schnittstelle. Mit der „User Data" können für den jeweiligen Co-Simulationspartner (z.B. AMESim, MATLAB/Simulink) gewisse, für den jeweiligen

Co-Simulationspartner festgelegte, Default-Werte per Hand überschrieben werden. Im Fall einer Co-Simulation mit AMESim können dies beispielsweise das Kommunikationsintervall oder die Fehlertoleranz sein, die bei einer Co-Simulation an den AMESim-Solver übergeben werden müssen.

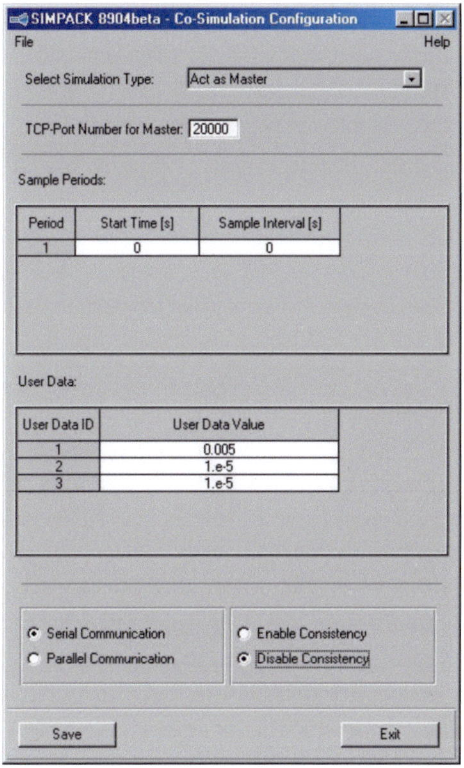

Abbildung 3.10: Benutzeroberfläche zur Konfiguration des SIMPACK-Servers

Darüber hinaus lässt sich die Reihenfolge bei der Simulation und die Wahl der Anfangsbedingungen festlegen. Bei der Reihenfolge kann zwischen der parallelen oder seriellen Simulation unterschieden werden. Da jedoch eine parallele Verarbeitung unter Windows nicht möglich ist, muss mit der seriellen Einstellung simuliert werden.

Bei der Wahl der Anfangsbedingungen können entweder Startwerte aus einer Parameterdatei verwendet werden oder die beiden Co-Simulationsprogramme suchen sich konsistente Anfangszustände (Enable Consistency). In dieser Arbeit werden die Simulationen mit den Startwerten aus einer Parameterdatei gerechnet. Der Startwertmodus der konsistenten Anfangszustände kann nur bei der Co-Simulation zwischen zwei SIMPACK-Modellen durchgeführt wird. Die Suche nach konsistenten Anfangszuständen erfolgt dabei rekursiv.

Nach Abschluss der Modellerstellung und Definition der Austauschgrößen wird der Server gestartet. Mit dem Serverstart wird das SIMPACK-Modell initialisiert und ist anschließend bereit für die Co-Simulation. Es befindet sich im Stand-by-Modus und wartet darauf, dass Simulink sich mit dem Server verbindet.

Wenn nun ein Server unter SIMPACK gestartet ist, kann unter Simulink die Schnittstelle konfiguriert werden. Die notwendigen Einstellungen für den Server werden über die in **Abbildung 3.11** dargestellte Benutzeroberfläche der Schnittstelle vorgenommen. Zunächst muss nach /S6/ der TCP-Port gesetzt werden. Wenn Simulink und SIMPACK auf unterschiedlichen Rechnern installiert sind, muss die Funktion „Remote Server“ angewählt und die IP-Adresse des anderen Rechners eingegeben werden. Dadurch kann bei einer schnellen Verbindung auch eine Co-Simulation über das Internet durchgeführt werden.

Damit der Server unter SIMPACK bei mehreren Simulationsläufen nicht ständig von Hand gestartet werden muss, besitzt die Schnittstelle eine Auto-Start-Funktion. Hierzu wird im Command Shell, eine von SIMPACK zur Verfügung gestellte Benutzeroberfläche zur Eingabe von Maschinenbefehlen, ein so genannter Command Server gestartet. Dieser Server läuft automatisch im Hintergrund. Für die Auto-Start-Funktion muss das Modellfile mit seinem vollständigen Pfad in der Schnittstelle angegeben werden.

In der Schnittstelle muss zusätzlich auch das Kommunikationsintervall (Sampling Period) eingestellt werden. Das Kommunikationsintervall legt fest, zu welchen Zeitpunkten Daten zwischen SIMPACK und Simulink ausgetauscht werden sollen. Dabei kann sich das Kommunikationsintervall von der Schrittweite in Simulink unterscheiden. Es sollte jedoch ein ganzzahliges Vielfaches der Schrittweite von Simulink sein.

Neben dem Kommunikationsintervall, den Servereinstellungen und der Auto-Start-Funktion lässt sich in der SIMAT-Schnittstelle auch festlegen, wann die Werte im u-Vektor erneuert werden (update u-vector). Standardmäßig ist die Erneuerung während des Blockaufrufs in Simulink eingestellt. Die Erneuerung kann aber auch durchgeführt werden, wenn die Blockausgangsgrößen ausgetauscht werden.

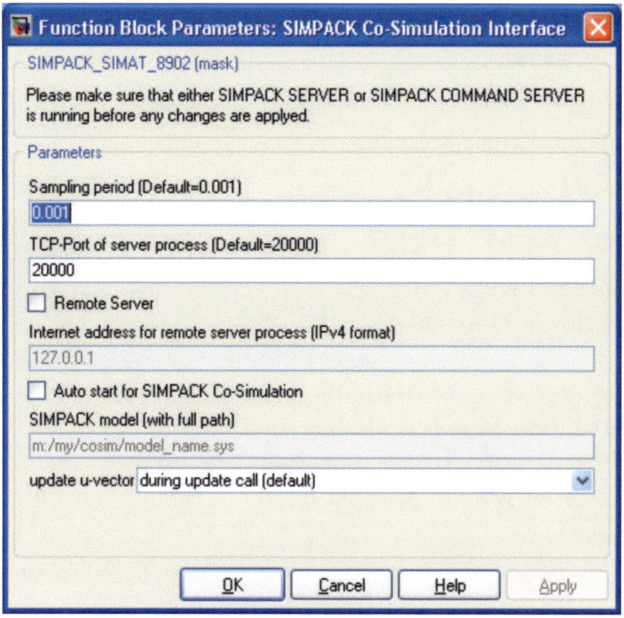

Abbildung 3.11: Grafische Benutzeroberfläche der SIMAT-Schnittstelle

3.5.3 LMS Imagine.Lab AMESim

Das Simulationsprogramm LMS Imagine.Lab AMESim oder kurz AMESim bietet eine komplette 1D-Simulationsplattform zur Modellierung und Analyse multidisziplinärer Systeme. Mittels validierter analytischer Modelle werden detaillierte Komponenten oder komplexe multidisziplinäre Systeme beschrieben. Die Modelle stehen in Bauteilbibliotheken zur Verfügung. Es stehen Bibliotheken aus dem Bereich der Hydraulik, Pneumatik, Thermodynamik, Elektrik und Mechanik zur Verfügung, um das Verhalten eines mechatronischen Systems abbilden können. Die Bibliotheken lassen sich noch in elementare und anwendungsorientierte Bibliotheken unterteilen.

Mit Hilfe von AMESim können spezielle Lösungen für folgende Bereiche erstellt werden:

- Antriebsstrang und Getriebe (Powertrain Transmission)
- Verbrennungsmotoren (Internal Combustion Engine)
- Gesamtfahrzeugdynamik (Vehicle System Dynamics)

- Fahrwerke und Steuersysteme für Luft- und Raumfahrt (Ground Loads and Flight Controls)
- Fahrzeugwärmemanagement (Vehicle Thermal Management)
- Fluid Systeme (Fluid Systems)
- Elektromechanik (Electromechanical)
- Energie (Energy)

Modellierung in AMESim

Bei der Modellierung in AMESim handelt es sich um eine block- bzw. komponentenorientierte akausale Modellierung, angelehnt an die Bond-Graph-Theorie. Das Produkt der Austauschgrößen zwischen den einzelnen Komponenten ergibt eine Leistung. Für den Aufbau eines Modells werden Komponenten aus Programmbibliotheken auf einer grafischen Benutzeroberfläche platziert und miteinander verbunden. Dabei muss jeder Anschluss bei jeder Komponente belegt sein. Dieser Vorgang geschieht im „Skizziermodus“.

Anschließend wird in den „Submodel-Modus“ gewechselt. Im Submodel-Modus wird den einzelnen Blöcken eine mathematische Beschreibung zugewiesen, da für die meisten Blöcke verschiedene mathematische Modelle zur Verfügung stehen, die sich in der Komplexität der Beschreibung bzw. in der Anzahl an berücksichtigten physikalischen Effekten unterscheiden.

Mit dem Wechsel hin zur Parametrierung wird aus den einzelnen mathematischen Beschreibungen eine mathematische Modellbeschreibung erstellt und für die Berechnung durch den AMESim-Solver vorbereitet (Erstellen und Kompilieren). Das System wird mathematisch durch gewöhnliche Differentialgleichungen (ODE) oder Differential-Algebraische Gleichungen (DAE) beschrieben. Darüber hinaus treten Diskontinuitäten auf. Beispiele für Diskontinuitäten sind nach /A2/ Anschläge in Hydraulikzylindern, der Wechsel von laminarer in turbulente Strömung bei Rohren oder Blenden, der Stick-Slip-Effekt oder jede Form der Hysterese.

Nach der Parametrierung folgt die Simulation. Hierfür stehen verschiedene Solver zur Verfügung, die nachfolgend vorgestellt werden. Zusätzlich ist ein Algorithmus vorhanden, der die Handhabung von Diskontinuitäten bzw. Unstetigkeiten ermöglicht.

Solver unter AMESim

Laut /A2/ und /A3/ kann auch der Anwender in AMESim zwischen einem so genannten „Standard Integrator“ (variable Schrittweite) oder einem „Fixed Step Integrator“

(feste Schrittweite) wählen. Standardmäßig ist der Standard Integrator eingestellt. Der Fixed Step Integrator kann nur gewählt werden, sofern keine „impliziten Variablen“ oder Zwangsbedingungen im Simulationsmodell auftreten. Darüber hinaus sollte die Systemdynamik gering sein, d.h. die Eigenwerte bzw. die Eigenfrequenzen sollten im Bereich bis 20 Hz liegen. Als Fixed Step Integrator stehen folgende numerische Näherungsverfahren zur Auswahl:

- Euler-Verfahren → Verfahren 1. Ordnung
- Adams-Bashforth-Verfahren → Auswahl zwischen Verfahren 2. – 4. Ordnung
- Runge-Kutta Verfahren → Auswahl zwischen Verfahren 2. – 4. Ordnung

Die Fixed Step Integratoren werden vornehmlich für Echtzeitanwendung benötigt. Gegenüber einem Integrator mit variabler Schrittweite und variabler Ordnungssteuerung sind sie weniger robust und flexibel.

Integratoren mit variabler Schrittweite und variabler Ordnungssteuerung finden sich in dem in AMESim implementierten Standard Integrator wieder. Der Standard Integrator vereint verschiedene Lösungsalgorithmen in sich. Je nach Aufgabenstellung wird automatisch das Lösungsverfahren gewählt, mit dem im Hinblick auf Genauigkeit und Rechenzeit das beste Ergebnis erzielt werden kann. Folgende Lösungsverfahren sind implementiert:

- Explizte Runge-Kutta-Formeln bis zur 5. Ordnung
- Adams-Moulton-Verfahren bis zur 12. Ordnung für nicht steife Systeme
- Gear-Verfahren bis zur 5. Ordnung für steife Systeme; auch bekannt als Rückwärts-Differenzen-Methode
- LSODA zur Berechnung von Systemen mit wechselnder Steifigkeit
- DASSL zur Berechnung Differential-Algebraischer Gleichungen

Darüber hinaus ist der bereits erwähnte Algorithmus zur Handhabung von Diskontinuitäten bzw. Unstetigkeiten hinterlegt. Er sorgt dafür, dass beim Auftreten einer Unstetigkeit die Berechnung nicht abbricht. Ein Solver ohne Überwachung von Unstetigkeiten wird die Schrittweite in der Nähe der Unstetigkeit drastisch reduzieren, damit er die geforderte Genauigkeit einhalten kann. Dies erhöht die Rechenzeit und führt bei zu kleiner Schrittweite zum Abbruch der Simulation.

Die Überwachung von Unstetigkeiten führt dazu, dass an der Stelle der Unstetigkeit der Solver gestoppt und anschließend an der gleichen Stelle wieder gestartet wird. Dadurch wird im Prinzip „das Gedächtnis“ des Solvers gelöscht. Es ist nun nicht mehr bekannt, das eine Unstetigkeit aufgetreten ist und der Solver kann problemlos nach der Unstetigkeit weiter rechnen.

Co-Simulation von AMESim und MATLAB/Simulink

Das Simulationsprogramm AMESim besitzt für die Kopplung mit anderen Programmen ein Schnittstellenelement. Das Schnittstellenelement wird im Skizziermodus erstellt. **Abbildung 3.12** zeigt das Konfigurationsfenster des Schnittstellenelements.

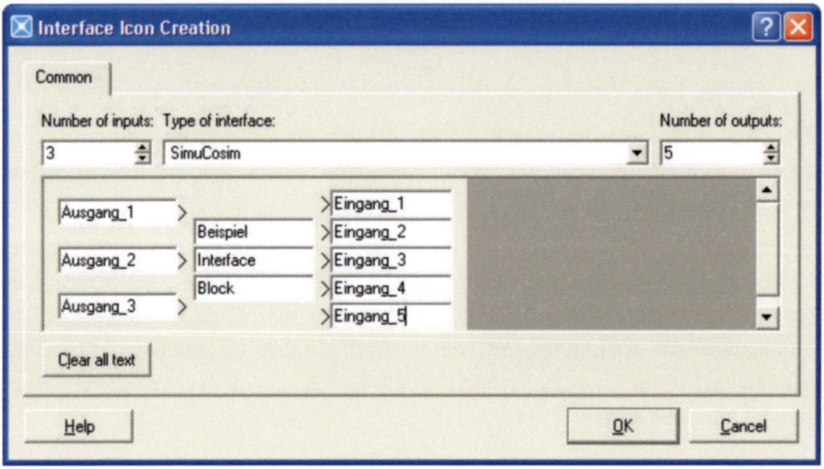

Abbildung 3.12: Konfigurationsfenster des AMESim-Interface-Blocks

Für die Kopplung mit anderen Programmen muss zunächst der Schnittstellentyp (Type of Interface) angegeben werden, d.h. es wird festgelegt, mit welchem Programm gekoppelt wird. AMESim ermöglicht die Kopplung zu Simulink, Adams, VLMotion und LabView. Darüber hinaus kann auch der Schnittstellentyp „User" oder „UserCosim" gewählt werden, die durch den Anwender selbst programmiert werden können.

Für die Kopplung mit MATLAB/Simulink kann zwischen dem Schnittstellentyp „Simulink" und „SimuCosim" gewählt werden. Bei Schnittstellentyp „Simulink" wird ein Modellexport durchgeführt, indem die Gleichungen des AMESim-Modells exportiert, in Simulink eingebunden und durch Simulink bzw. dessen Solver gelöst werden. Beim Schnittstellentyp „SimuCosim" wird eine Co-Simulation zwischen Simulink und AMESim durchgeführt. Der Unterschied zwischen beiden Möglichkeiten ist in **Abbildung 3.13** noch einmal grafisch dargestellt.

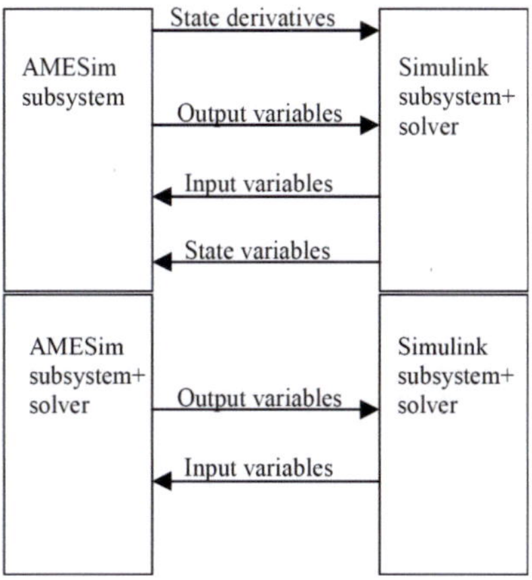

Abbildung 3.13: AMESim Code-Export (oben), Co-Simulation AMESim und Simulink (unten) /A1/

Nach der Festlegung des Schnittstellentyps wird die Anzahl an Eingangs- und Ausgangsgrößen festgelegt. Maximal sind hier 99 Ein- und Ausgänge zulässig. Es können jedoch mehrere Schnittstellenblöcke eingebaut werden. Diese müssen dann jedoch vom gleichen Schnittstellentyp sein. Die Ein- und Ausgänge sowie das Schnittstellenelement selbst können mit Namen versehen werden. Das Schnittstellenelement sieht dann entsprechend **Abbildung 3.14** aus. Bei diesem Beispiel wurden so genannte Empfängerblöcke (Reciever) und Übertragungsblöcke (Transmitter) integriert, damit alle Anschlüsse des Schnittstellenelements verbunden sind.

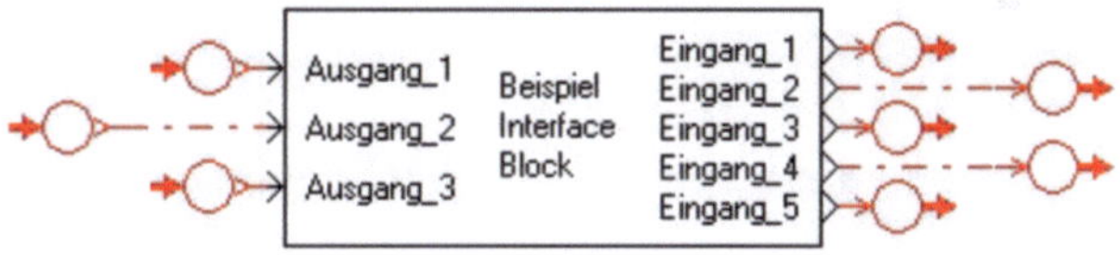

Abbildung 3.14: SimuCosim-Schnittstellenelement mit Reciever- und Transmitterblöcken

Die Einbindung des AMESim-Modells unter Simulink erfolgt über die S-Function aus der Simulink –Toolbox „User-defined function". In die S-Function wird der Name des AMESim-Modells mit Unterstrich am Ende des Namens eingetragen. In dem in **Abbildung 3.15** dargestellten S-Function-Konfigurationsfenster lautet der Name Beispiel_Interface_Block. Bei den S-Function-Parametern werden die Einstellungen für den AMESim-Solver eingegeben. Die erste Zahl gibt das Kommunikationsintervall (Sampling Period) an. Im Beispiel ist dies 1 ms. Die zweite Zahl gibt die Zeitpunkte an, wann AMESim Werte speichert (Communication Interval). In diesem Fall alle 0,01 s. Die dritte Zahl gibt die Fehlertoleranz an, die bei 10^{-5} s liegt. Dies sind die drei wichtigsten Einstellungen, die getätigt werden müssen. Darüber hinaus kann die maximale Schrittweite und die Zeitspanne (Time Range) übergeben werden sowie Einstellungen, ob die Ergebnisse, die Unstetigkeiten oder das Zeitsignal dargestellt werden sollen.

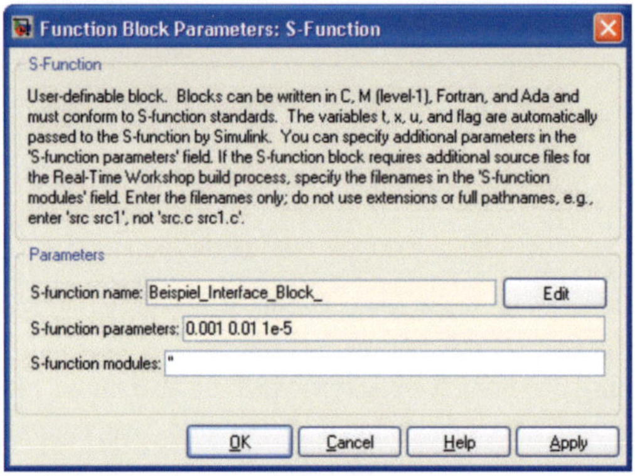

Abbildung 3.15: Konfigurationsfenster der AMESim-S-Function

Nach Abschluss der Konfiguration erscheint die S-Function zunächst wie in Abbildung 3.8 links. Wird nun die Simulation unter Simlink gestartet, wird die S-Function initialisiert und an das AMESim-Modell angepasst und es ergibt sich die S-Function in der in **Abbildung 3.16** dargestellten Form. Es werden die Ein- und Ausgänge mit ihren Namen angezeigt. Allerdings wird die Reihenfolge im Vergleich zum Schnittstellenblock in AMESim gedreht. Zusätzlich wird der Name des AMESim-Modells angezeigt, welches dem S-Function-Block hinterlegt ist.

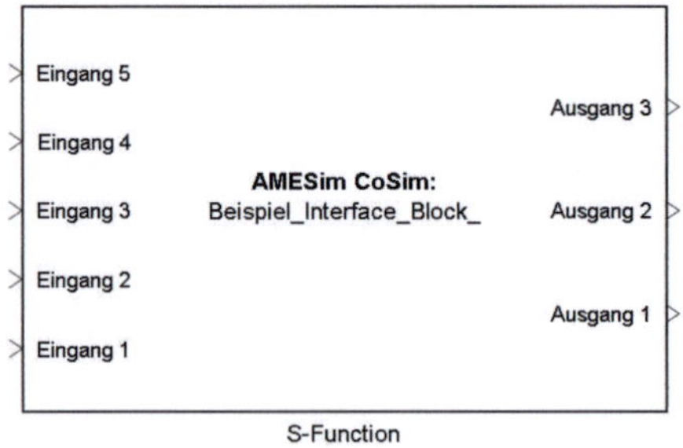

Abbildung 3.16: AMESim-S-Function-Block

3.5.4 DSHplus

Das Simulationsprogramm DSHplus ermöglicht die Modellierung und Simulation hydraulischer und pneumatischer Systeme auf Basis konzentrierter Parameter. Die Ursprünge des Simulationsprogramms reichen zurück bis in die 1970er Jahre. 1972 wurde am damaligen Institut für Hydraulik und Pneumatik (IHP) der RWTH Aachen die Simulationsprogramme DSH und SIMULANT zur Simulation hydraulischer Systeme entwickelt. 1994 wurden die beiden Simulationsprogramme am Institut für fluidtechnische Antriebe und Steuerungen (IFAS) der RWTH Aachen zum Simulationsprogramm DSHplus vereint. Die kommerzielle Vermarktung und Weiterentwicklung übernahm das 1994 gegründete Spin-Off Unternehmen Fluidon. /W10/

Der Aufbau von Simulationsmodellen in DSHplus erfolgt grafisch mit Hilfe von Komponenten, welche in Bibliotheken hinterlegt sind. Es stehen folgende Bibliotheken zur Verfügung:

- Hydraulik
- Thermohydraulik
- Pneumatik
- Mechanik
- Regelungstechnik
- Sonstiges (z.B. Knotenelemente)
- Extrabibliotheken (benuzterspezifische Bibliotheken, z.B. Komponenten für hydraulische Lenkungen)
- Module (Schnittstellen für die Kopplung zu anderen Programmen; selbstprogrammierte Submodelle des Anwenders)

Modellierung in DSHplus

Die Modellierung in DSHplus ähnelt der Modellierung in AMESim. Es handelt es sich um eine komponentenorientierte akausale Modellierung. Das Produkt der Austauschgrößen zwischen den einzelnen Komponenten ergibt eine Leistung. Für den Aufbau eines Modells werden Komponenten aus Programmbibliotheken auf einer grafischen Benutzeroberfläche platziert und miteinander verbunden. Dies geschieht im so genannten Bearbeitungsmodus. Die Eigenschaften einer Verbindung zwischen zwei Komponenten werden durch einen Knoten dargestellt, der automatisch bei der Verbindung der Komponenten erstellt wird. Entsprechend der Komponentenbibliotheken stehen verschiedene Knotenarten zur Verfügung. Bei der Verbindung zweier hydraulischer Komponenten wie z.B. einer Pumpe mit einem Ventil entsteht ein hydraulischer Knoten. Dieser hydraulische Knoten entspricht in diesem Fall einer Rohr- oder Schlauchleitung und besitzt daher ein Volumen, einen Startdruck, eine Differenztemperatur, einen E-Modul mit Luft- und Schlaucheinflüssen sowie beispielsweise eine Kavitationsgrenze.

Neben den Komponenten der einzelnen Bibliotheken werden die Schnittstellen für die Kopplung mit anderen Programmen, die so genannten STC-Module, welche zu einem späteren Zeitpunkt noch genauer erläutert werden, im Bearbeitungsmodus in das Modell integriert. Nachdem der Modellaufbau abgeschlossen ist, wird vom Bearbeitungsmodus in den Simulationsmodus gewechselt. Hierbei werden die Modellbeschreibungen der einzelnen Komponenten miteinander verknüpft und durch die Kompilierung die Gleichungen für den Solver erstellt. Das Modell wird durch eine bestimmte Anzahl gewöhnlicher Differentialgleichungen 1. Ordnung beschrieben, die vom Solver gelöst werden müssen. /F4/

Nach dem Kompiliervorgang muss das Modell parametriert werden. Dadurch wird das Modell an die Problemstellung angepasst. Anschließend kann das Modell entweder simuliert oder für eine Kopplung exportiert werden. Der Export wird zu einem späteren Zeitpunkt beschrieben. Zunächst sollen die zur Simulation zur Verfügung gestellten Solver vorgestellt werden.

Solver unter DSHplus

Der Anwender hat nach /F4/ die Möglichkeit, aus gegebenen Standardintegratoren/Solvern auszuwählen. Es stehen Solver sowohl mit fester als auch mit variabler Schrittweite zur Verfügung. Da sich die Solver mit denen anderer oben genannter Programme überschneiden, sollen sie an dieser Stelle lediglich genannt, jedoch nicht näher erläutert werden.

Es stehen folgende Solver mit fester Schrittweite zur Verfügung:

- ODE1 (Euler-Cauchy)
- ODE 2 (Heyn)
- ODE3 (RK I)
- ODE4 (Runge-Kutta)
- ODE5 (Prince-Dormand)
- ODE4 (Runge-Kutta RCH)

- ODE5 (Prince-Dormand RCH)

Nachfolgend werden die Solver mit variabler Schrittweite genannt:

- ODE23 (rk2(3) RK)
- ODE45 (rk5(4)6m PD 45)
- Dormand-Prince 45
- Euler implicit
- Rosenbrock implicit
- Radau implicit

Co-Simulation von DSHplus und MATLAB/Simulink

Die Kopplung mit anderen Simulationsprogrammen wird in DSHplus über die so genannten STC-Schnittstellen realisiert, wobei die Kopplung anhand einer Master-Slave-Beziehung durchgeführt wird. Bei der Kopplung von Simulink und DSHplus ist Simulink der Master und DSHplus der Slave. STC steht hierbei für Simulationswerkzeugkette (Simulation Tool Chain). Diese Signalblöcke werden im Bearbeitungsmodus in das Modell integriert. Zwei Beispiele der STC-Schnittstelle, jeweils für Eingangs- und Ausgangssignale, sind in **Abbildung 3.17** dargestellt.

Ein STC-Block kann bis zu neun Anschlüsse besitzen, d.h. er besitzt bis zu neun Kanäle zur Datenübertragung. Es können beliebig viele STC-Blöcke in ein Modell integriert werden. Dabei stellen die STC-Blöcke reine Schnittstellen dar, um von außen Signale nach DSHplus oder von DSHplus Signale nach außen geben zu können. Über die STC-Schnittstellen wird nicht definiert, woher die Werte stammen. Es ist beispielsweise möglich, die Drehzahl der Pumpe in **Abbildung 3.18** über das Standardinterface von DSHplus vorzugeben. Das Standardinterface ist ein einfacher Schieberegler, dessen Schieberposition vom Benutzer vorgegeben werden kann.

Das Simulationsmodell aus Abbildung 3.18 zeigt die Hydraulik eines Radladers mit den beiden Hubzylindern, dem Kippzylinder, den Ventilen, der Pumpe und den beiden STC-Blöcken. Als Eingangsgrößen werden die Zylindergeschwindigkeiten und –wege, die Pumpendrehzahl und die Ventilsignale übergeben. Als Ausgangssignal werden die Kräfte der Zylinder übergeben.

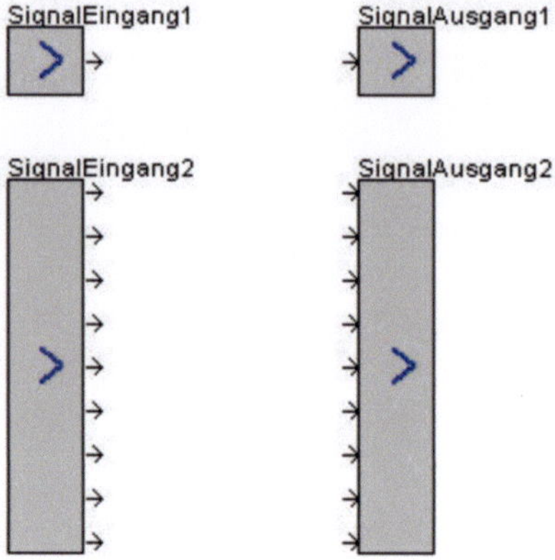

Abbildung 3.17: STC-Schnittstelle für Signaleingänge (links) und Signalausgänge (rechts)

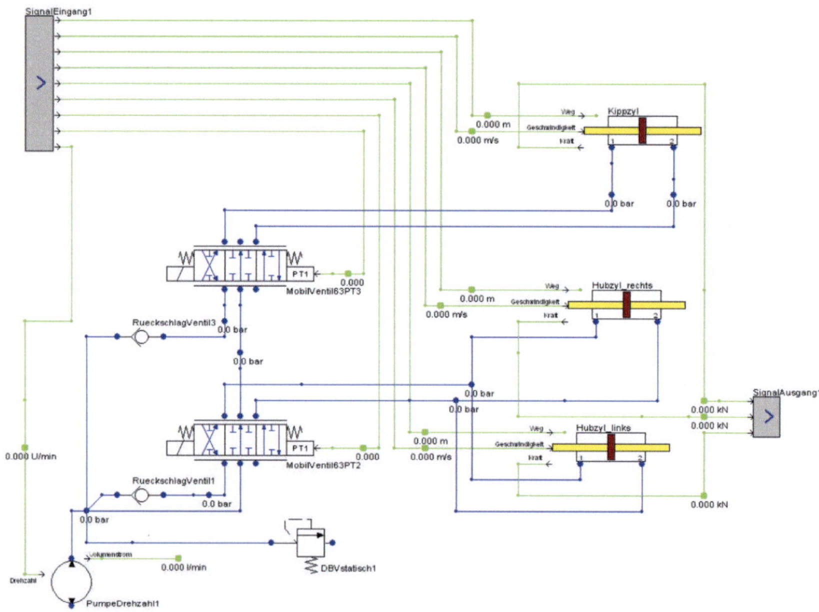

Abbildung 3.18: Hydraulikmodell eines Radladers mit Schnittstellen für die Co-Simulation /L6/

Es soll noch kurz darauf hingewiesen werden, dass es sich bei den Zylindern in der Realität um Differentialzylinder handelt. Im Modell wurde dies über die Parametrierung so umgesetzt. Lediglich die Darstellung der Komponente wurde nicht angepasst. So ist ein Gleichgangzylinder dargstellt, wohingegen ein Differentialzylinder simuliert wird. Die STC-Schnittstelle bietet die Möglichkeit, jeden Kanal zu benennen sowie jedem Kanal einen Umrechnungsfaktor mit Einheit zuzuweisen bzw. ein Offset zu addieren. Dies erleichtert die Datenübergabe, wenn unterschiedliche Einheitensysteme verwendet und Umrechnungen notwendig werden. Als Beispiel hierfür ist in **Abbildung 3.19** die Parametrierung des Signaleingangblocks dargestellt. Die Benennung der einzelnen Kanäle erleichtert unter Simulink die Verknüpfung mit anderen Blöcken bzw. die Weiterverarbeitung der Signale.

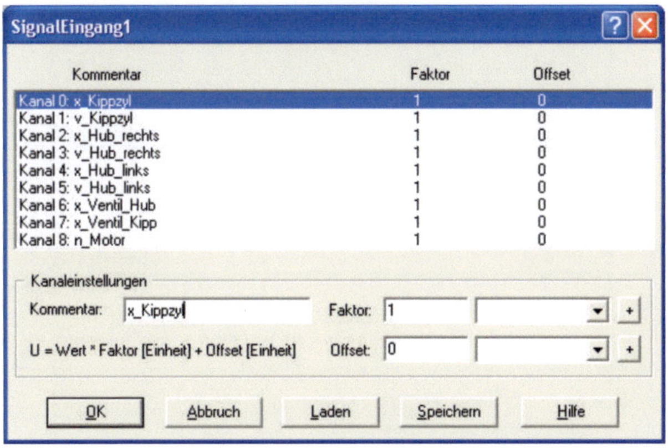

Abbildung 3.19: STC-Schnittstelle für den Signaleingang

Wie bereits beschrieben, erfolgt die Spezifizierung des Kopplungspartners nicht in den STC-Schnittstellen. Dies geschieht beim Export des DSHplus-Modells über die Konfiguration des Exports. **Abbildung 3.20** zeigt das Exportfenster von DSHplus. Für den Export muss die Zielanwendung ausgewählt und der Exportmodus festgelegt werden. Im dargestellten Beispiel ist MATLAB/Simulink als Zielanwendung ausgewählt. Weitere Möglichkeiten sind nach /F5/ der Export der Differentialgleichungen des Modells sowie der Export zu ADAMS, DADS, Virtual.Lab, SIMPACK, MATLAB/Simulink C-Format, Sorcus, dSpace und ProSys RT.

Beim Export nach MATLAB/Simulink wird aus dem DSHplus-Modell eine Simulink-S-Function erzeugt. Diese S-Function kann zwei Modi besitzen, den Modus „eingebettet" und den Modus „Co-Simulation". Unter dem Modus „Co-Simulation" wird die bisher beschriebene Co-Simulation verstanden, bei der beide Programme, in diesem Fall DSHplus und Simulink, parallel simulieren, d.h. auch parallel geöffnet sind. Beim

Modus „eingebettet" wird beim Export neben dem Modell auch der Solver von DSHplus mit exportiert. So kann das Modell autark, d.h. ohne Verwendung des DSHplus-Programms für die Simulation verwendet werden. Dies ermöglicht z.B. die Verwendung mehrerer DSHplus-Modelle in einem Simulinkmodell. Sind, wie im dargstellten Fall, beide Modi angewählt, kann der Anwender unter Simulink entscheiden, ob er eine Co-Simulation durchführen oder im eingebetteten Modus simulieren möchte.

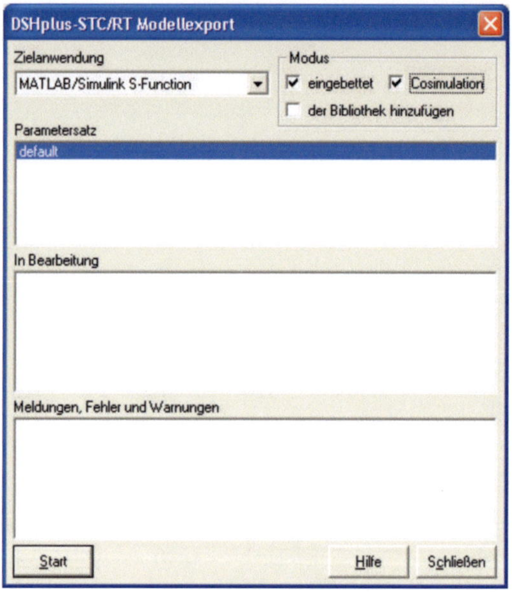

Abbildung 3.20: Modellexport-Auswahlfenster

Der Export mit den Einstellungen aus Abbildung 3.20 führt zu dem in **Abbildung 3.21** dargestellten S-Function-Block, welcher als Simulink-File im Exportordner zu finden ist. Die Ein- und Ausgangssignale sind zusammengefasst. Die Signale, die von DSHplus nach Simulink übertragen werden, müssen über einen so genannten DeMux aufgesplittet werden. Die Signale, die von Simulink nach DSHplus übertragen werden, müssen über einen so genannten Mux zusammengefasst werden.

Abbildung 3.21: DSHplus-Modell als S-Functionblock

Jedem S-Functionblock ist eine Beschreibung hinterlegt. **Abbildung 3.22** zeigt die Beschreibung für den in Abbildung 3.21 dargestellten S-Function-Block. Zunächst wird die Funktion des S-Function-Blocks beschrieben, in diesem Fall die Co-Simulation zwischen Simulink und DSHplus. Anschließend folgt die Beschreibung der einzelnen Ein- und Ausgabekanäle. Es werden zunächst die Eingangsgrößen angezeigt und auf welchem Kanal sie liegen. Es folgen die Ausgangsgrößen mit ihrer Kanalnummer. Dabei stellt das Fenster nur das dar, was in den STC-Schnittstellen eingetragen wurde. Werden die Kanäle in den STC-Schnittstellen nicht bezeichnet, so werden die Kanäle in der S-Function ohne Bezeichnung angezeigt.

Es folgt die Beschreibung der Parameter- und der Kennfelddatei, welche beim Export des Modells erzeugt werden. Es handelt sich um Textdateien, die den Namen des exportierten Modells tragen. Bei der Kennfelddatei wird beim Namen die Bezeichnung „ken" ergänzt.

Unterhalb der Modelldateien finden sich drei Auswahlmöglichkeiten für den Anwender. Die Auswahl „System uses direct feed-through" ist deaktiviert. „Direct-Feed-Through" bezieht sich auf die Vermeidung algebraischer Schleifen, d.h. dass die Ausgangsgröße eines Blocks direkt von seiner Ausgangsgröße abhängt. Es kann ausgewählt werden, ob „Direct-Feed-Through" verwendet wird.

Die Auswahl „Sub-System in Co-Simulation" ermöglicht, den S-Function-Block in der Co-Simulation oder im eingebetteten Modus zu betreiben. In der dargestellten Form wird eine Co-Simulation durchgeführt.

Mit Hilfe der „Extrapolation" werden die Werte des DSHplus-Modells extrapoliert, damit die Abweichung der berechneten Simulink-Werte nicht zu groß wird, siehe hierzu auch **3.2 Grundlagen der Co-Simulation**. Mit der Nennung der Anzahl an Ein- und Ausgangsgrößen endet die Beschreibung der S-Function.

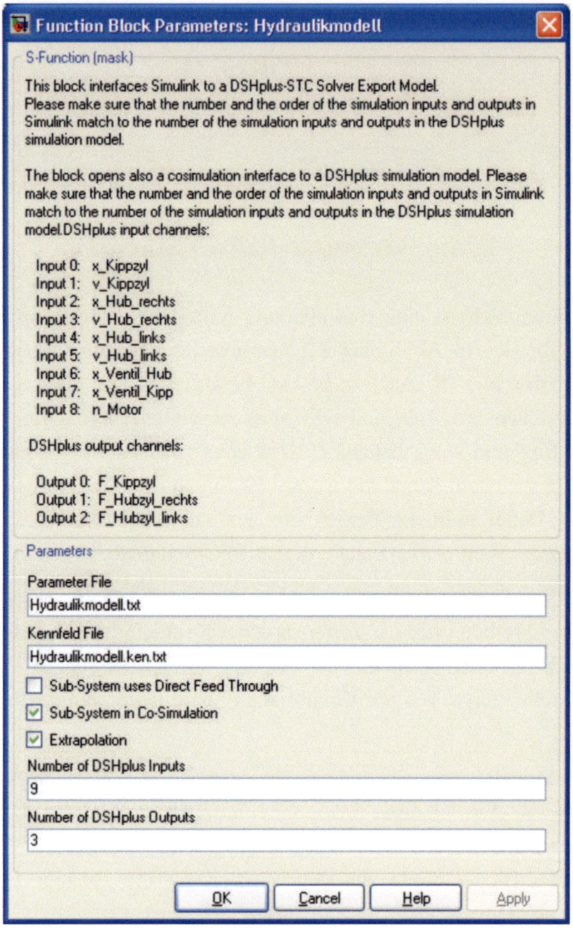

Abbildung 3.22: Beschreibung des DSHplus-S-Functionblocks

Nachdem die S-Function konfiguriert ist, kann die Simulation durchgeführt werden. Im Falle einer Co-Simulation wird DSHplus mit dem geöffneten Modell in den kontinuierlichen Simulationsmodus geschickt. Dabei wird das Simulationsmodell initialisiert und wartet auf Eingaben von Simulink. Befindet sich das Modell im eingebetteten Modus, muss lediglich die Simulation in Simulink gestartet werden. Die Initialisierung des DSHplus-Modells erfolgt dann beim Initialisieren des Simulink-Modells.

Für die Co-Simulation mit DSHplus muss kein Kommunikationsintervall vorgegeben werden. Das Kommunikationsintervall orientiert sich an der Schrittweite des Simulink-Solvers, der dieses als Master vorgibt. Wie im Unterkapitel **4.1 MATLAB/Simulink als Master bei der gekoppelten Simulation** noch gezeigt wird, ist sowohl ein Solver mit fester, als auch mit variabler Schrittweite möglich. Die Visualisierung der verschiedenen Co-Simulationsparameter in DSHplus übernimmt das in **Abbildung 3.23** dargestellte Anzeigeelement. CoSimulationsparameter sind beispielsweise die interne oder externe Schrittweite.

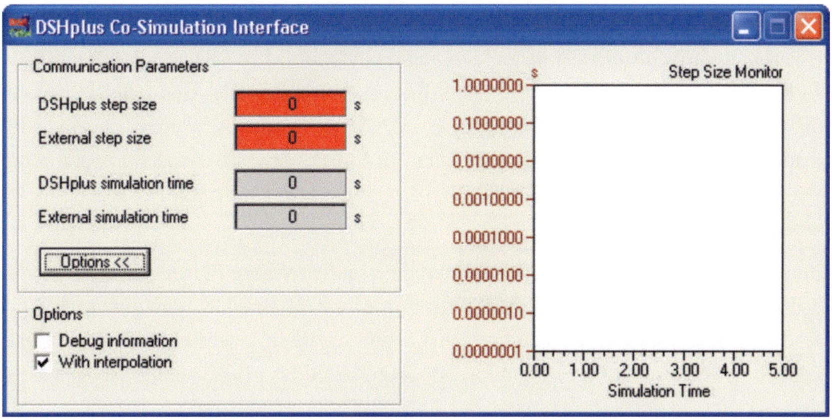

Abbildung 3.23: Visualisierung der Co-Simulationsparameter

3.6 Beispiele für Co-Simulationen

1996 wurde durch Kett und Brangs in /K2/ die Kopplung in ACSL untersucht: Ein Modell wurde in DSHplus erstellt, als C-Code exportiert, mit einer selbst programmierten Schnittstelle in ACSL übersetzt und in ACSL simuliert. Die Ergebnisse wurden mit den Ergebnissen der Simulation eines direkt in ACSL erstellten Modells verglichen. Aufgrund der guten Vergleichbarkeit wurde ACSL als Kopplungsumgebung empfohlen.

Kübler entwickelte in /K5/ eine Modellierungs- und Simulationsmethode für mechatronische Systeme. Hierfür erweiterte er das Mehrkörpersimulationsprogramm NEWMOS, um eine gekoppelte Simulation mit Teilmodellen aus unterschiedlichen Fachgebieten zu ermöglichen. Er untersuchte dabei auch die numerische Stabilität der gekoppelten Simulation und stellte Verfahren zu deren Stabilisierung vor. Die in /K5/

entwickelten Erweiterungen für das Simulationsprogramm NEWMOS bilden die Grundlage der Arbeiten von Scholz /S3/, auf welche in **Unterkapitel 4.1 MATLAB/Simulink als Master bei der gekoppelten Simulation** eingegangen werden.

Deeken beschreibt in /D1/ die Simulation der tribologischen Kontakte in einer Axialkolbenpumpe. Im Speziellen untersucht er durch Kopplung der Simulationsprogramme ADAMS, DSHplus und MATLAB/Simulink die Reibverhältnisse zwischen den Gleitschuhen und der Schrägscheibe.

Larsson verwendet in /L2/ die Kopplung von MATLAB/Simulink, ADAMS und Hopsan (Simulationsprogramm zur Simulation hydraulischer Systeme) zur Simulation eines Volvo-Radladers. Er betont dabei die Notwendigkeit der Simulationskopplung für die Simulation der Gesamtmaschine. In /L3/ stellt er zwei weitere Beispiele für eine Co-Simulation vor. Es handelt sich zum einen um das Landefahrwerk eines Flugszeugs, welches wiederum über eine Kopplung von Mechanik und Hydraulik simuliert wird.

Zum anderen beschreibt er die Simulation eines vollständigen Flugzeugs. Hierzu werden die Stellaktuatoren zur Flugsteuerung in einem Hydrauliksimulationsprogramm modelliert und mit der Flugsteuerung aus einem regelungstechnischen Programm gekoppelt. Zusätzlich ist ein Programm zur Simulation der Flugdynamik sowie zur Simulation der Strahltriebwerke bzw. der Antriebskräfte angekoppelt.

Johansson beschreibt in /J1/ einen elektrohydraulischen Aktuator, bei dem sowohl die hydraulischen, als auch die thermischen Eigenschaften modelliert werden. Er geht dabei von einer objekt-orientierten Modellierung aus und zeigt, dass das Gesamtsystem dadurch entweder in einem oder in mehreren Programmen simuliert werden kann. Als Beispiel wird die elektrische Ansteuerung in MATLAB/Simulink modelliert, die Hydraulik mit den thermischen Eigenschaften in Hopsan.

Filla verwendet in /F2/ die Kopplung eines Mehrkörpersimulationsprogramms und eines Programms zur Simulation kontinuierlicher und diskreter Ereignisse, um das System Radlader und den Einfluss des Bedieners auf den Radlader zu untersuchen. Für die Simulation des Bedieners eignet sich nach /F3/ beispielsweise MATLAB/Simulink.

In /I1/ wird die gekoppelte Simulation der Programme ITI-SIM 3.2 und MSC.ADAMS beschrieben. Mit ihrer Hilfe werden die Kinematik- und Funktionsstrukturen eines Radladers analysiert und optimiert, indem die Mechanik in ADAMS und die Hydraulik in ITI-SIM abgebildet werden. Somit sind Vorhersagen über relevante dynamische Eigenschaften, wie beispielsweise das Einschwingverhalten oder Zykluszeiten, möglich und können ganzheitlich untersucht und beurteilt werden.

Kliffken und Behm beschreiben in /K4/ die Entwicklung einer Antriebsschlupfregelung (ASR) für hydrostatische Fahrantriebe zur Schonung von Boden und Reifen mit Hilfe der Simulation. Neben der Untersuchung von Teilkomponenten der ASR in einzelnen Softwareprogrammen betonen sie die Aussagekraft der Simulationsergebnisse einer gekoppelten Simulation. Als Versuchträger verwenden sie eine Feldspritze, die mit Hilfe der Programme MATLAB/Simulink, AMESim und Adams abgebildet wird.

Das Modell der Feldspritze, an dem Kliffken und Behm ihre Untersuchungen am Regler vorgenommen haben, wird in /S4/ beschrieben. Neben der Kopplung unter MATLAB/Simulink und der daraus resultierenden Masterfunktion werden grundsätzliche Möglichkeiten der Simulation (Co-Simulation, Modellverbund, Solververbund) genannt und betont, dass die Güte der Simulationsergebnisse nicht mit den Schnittstellen der Programme, sondern mit der Güte der Teilmodelle zusammen hängt.

Rüdiger, Klein und Schütze stellen in /R3/ die Kopplung des Systemsimulationsprogramms ITI-SIM und des CFD-Simulationsprogramms Fluent vor. Ziel ist die Erleichterung der Entwicklung zukünftiger sowie die Verbesserung der Analyse bestehender Produkte.

Lehnart, Fleissner und Eberhart untersuchen in /L4/ den Einfluss der Flüssigkeit eines Tankwagens auf das dynamische Fahrverhalten und die Fahrstabilität des Tankwagens. Hierfür koppeln sie das Mehrkörpersimulationsprogramm SIMPACK mit Pasimodo, einem Programm zur Simulation von Partikeln nach der Diskreten Elemente Methode (DEM). Die Kommunikation bei dieser Kopplung erfolgt mit fester Schrittweite. Als Schrittweite wird 0,1 ms gewählt.

Lohse nutzt in /L7/ die gekoppelte Simulation, um die komplexen Wechselwirkungen im Gesamtsystem Presse/Umformprozess realitätsnah nachzubilden. Dabei werden die Presse durch eine Systemsimulation und der Umformprozess durch eine FEM-Simulation abgebildet. Als Austauschschrittweite werden Zeitschritte von 2 – 10 ms bezogen auf den Realprozess verwendet. Deren Festlegung erfolgte anhand einer Reihenuntersuchung mit verschiedenen Werten durch Beurteilung der Ergebnisverläufe.

Mack stellt in /M1/ eine Methodik zur modellbasierten Bestimmung dynamischer Betriebslasten im mechatronischen Fahrentwicklungsprozess vor mit dem Ziel, Untersuchungen an realen Prototypen einzusparen. Die Abbildung des mechatronischen Fahrzeugsystems erfolgt in Adams (Fahrwerk) und MATLAB/Simulink (Regler). Das Gesamtsystem wird durch Kopplung der Teilsysteme mit einem Kommunikationsintervall von 1 ms bis 0,1 ms in einer Master-Slave-Beziehung simuliert.

In /L5/ wurde die Kopplung von einem mechanischem und einem hydraulischem Teilsystem am Beispiel eines Schienenfahrzeuges mit aktiver hydraulischer Neigetechnik für das Durchführen einer Zeitschrittsimulation realisiert. Die gekoppelte Simulation wurde für die Verwendung eines Hardware-in-the-Loop-Prüfstandes echtzeitfähig gemacht. Für die Kopplung wurden die Standardschnittstellen der verwendeten Programme genutzt, die einen Know-how-Schutz sowie die Teilparametrierbarkeit der Modelle nicht zulassen.

Für die Entwicklung eines ABS-Systems für Traktoren nutzt Müller in /M11/ die Co-Simulation von MATLAB/Simulink, Adams und AMESim. MATLAB/Simulink dient dabei als Master, worin auch der Regler implementiert ist. Das Fahrzeug wird als MKS-Modell mit hinterlegtem Reifenmodell in Adams abgebildet. Die hydraulischen Aktoren sind in AMESim modelliert.

Diese Beispiele zeigen die Notwendigkeit des Einsatzes einer Co-Simulation zur Simulation mechatronischer Systeme. In den wenigsten Fällen wird näher auf das verwendete Kommunikationsintervall eingegangen. Gelegentlich finden sich Hinweise, dass das Intervall durch „Ausprobieren“ ermittelt wurde, wie dies in /M1/ der Fall ist. Aus diesem Grund soll nachfolgend eine Methodik zur Ermittlung des Kommunikationsintervalls vorgestellt und daraus eine Handlungsvorschrift abgeleitet werden.

4 Methodik zur Bestimmung des Kommunikationsintervalls

Die Kopplung von Simulationsprogrammen zur Simulation mechatronischer Systeme wurde in **Kapitel 3** erläutert. Allen Simulationen gemein ist die Tatsache, dass die gekoppelte Simulation in einer Master-Slave-Beziehung stattfindet und dass zu definierten Zeitpunkten Werte ausgetauscht werden müssen. In der vorliegenden Arbeit wird die gekoppelte Simulation mit MATLAB/Simulink als Master untersucht. Die Kopplung findet jeweils zwischen MATLAB/Simulink und den verwendeten Programmen SIMPACK, AMESim und DSHplus statt. Im Speziellen wird in dieser Arbeit eine Handlungsvorschrift gegeben, wie das Kommunikationsintervall bei der gekoppelten Simulation für den Austausch der Zustandsgrößen der beteiligten Teilmodelle zu wählen ist. Dabei wird auch die Abhängigkeit zu dem in MATLAB/Simulink verwendeten Solver erläutert.

4.1 MATLAB/Simulink als Master bei der gekoppelten Simulation

Zunächst soll die Bezeichnung „Master" näher beschrieben werden. Bei der gekoppelten Simulation von zwei oder mehr Programmen muss ein Programm die „Führung" übernehmen, d.h. es wird aus einem Programm der Beginn, die Dauer und das Ende der Simulation gesteuert. Die anderen Programme orientieren sich an den Vorgaben des Masters. Darüber hinaus müssen die Zeitpunkte festgelegt werden, wann die Programme Daten miteinander austauschen. Hierfür gibt es zwei Vorgehensweisen: Entweder orientieren sich die Kommunikationszeitpunkte an der Simulationsschrittweite des Masters oder sie werden in der Kommunikationsschnittstelle des jeweiligen Programms definiert.

Grundsätzlich kommen bei der Verwendung von MATLAB/Simulink als Master beide Vorgehensweisen zum Einsatz. Bei der Kopplung von DSHplus und MATLAB/Simulink orientieren sich die Kommunikationszeitpunkte an der Simulationsschrittweite des Masters, da DSHplus sich an die Zeitvorgaben von MATLAB/Simulink anhängt. Diese Simulationsschrittweite ist von der Wahl des Solvers abhängig. Wie in **Kapitel 3** beschrieben, stehen unter MATLAB/Simulink Solver mit fester und mit variabler Schrittweite zur Verfügung. Bei den Solvern mit variabler Schrittweite ist eine automatische Schrittweitensteuerung implementiert. Möglichkeiten der automatischen Schrittweitensteuerung wurden in **Unterkapitel**

2.7 Schrittweitensteuerung erläutert. Sie beruhen auf einer Schätzung des lokalen Diskretisierungsfehlers.

Der Einsatz eines Solvers mit variabler Schrittweite auf der Masterebene ist bei der gekoppelten Simulation nur bedingt möglich bzw. sinnvoll, was an zwei Beispielen erläutert werden soll. Betrachtet wird zunächst die gekoppelte Simulation von DSHplus und MATLAB/Simulink. In **Abbildung 4.1** ist ein Gleichgangzylinder in DSHplus zu sehen, dessen Position über einen Lageregler eingeregelt werden soll. Das Stellsignal wirkt dabei auf das 4/3-Wegeventil. Die Sollwertvorgabe soll von MATLAB/Simulink erfolgen. Hierfür wurde eine Eingabeschnittstelle in das Modell mit eingebaut. Der Positions-Istwert steht für die Regelung als Signal in DSHplus zur Verfügung und wird über eine Ausgabeschnittstelle an MATLAB/Simulink übergeben.

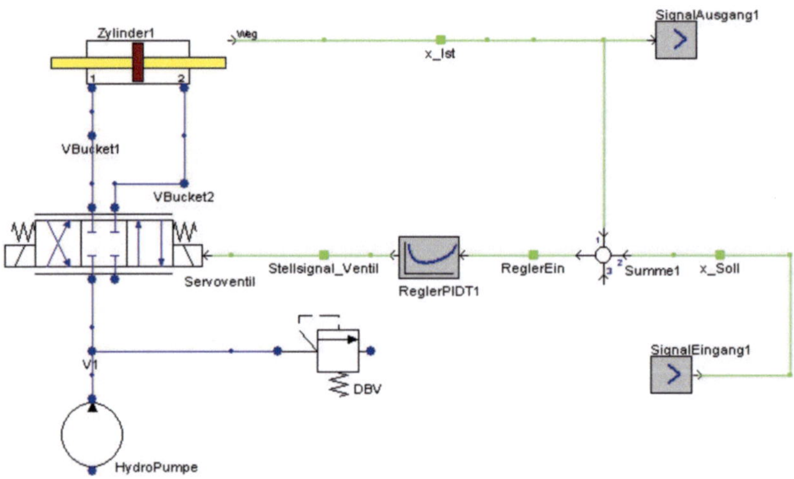

Abbildung 4.1: Lagegeregelter Hydraulikzylinder mit externer Sollwertvorgabe

Das entsprechende Modell unter Simulink zeigt **Abbildung 4.2**. Es besteht aus dem exportierten hydraulischen Modell (DSHplus-Block), der Sollwertvorgabe und der Visualisierung der Istposition. Für die Sollwertvorgabe wurde ein Sinus-Generator verwendet, welcher auf der linken Seite des DSHplus-Blocks zu sehen ist. Als Sollwert wird ein Sinussignal mit einer Amplitude von 20 mm und einer Frequenz von 1 Hz bei einem Offset von 0 mm aufgeprägt. Auf der rechten Seite des DSHplus-

Blocks ist ein einfaches Visualisierungselement (Scope) dargestellt, welches den Sollweg und den Istweg über der Zeit darstellt. Die Simulationszeit beträgt 20 s.

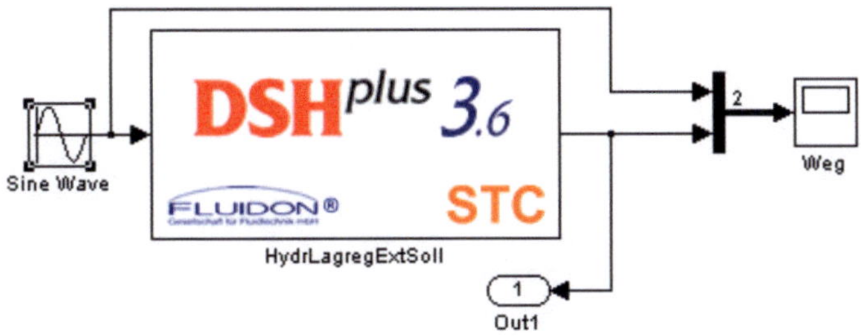

Abbildung 4.2: Sollwertvorgabe unter Simulink

Für die Simulation kann grundsätzlich wie oben beschrieben zwischen einem Solver mit variabler Schrittweite und einem Solver mit fester Schrittweite gewählt werden. Das Kommunikationsintervall richtet sich nach der Schrittweite des Solvers von MATLAB/Simulink. Zunächst wird mit einer festen Schrittweite von 0,1 ms gerechnet. Die Wahl der Schrittweite basiert auf Erfahrungen mit anderen Co-Simulationen zwischen Mechanik und Hydraulik. Das Ergebnis der Simulation zeigt **Abbildung 4.3**. In rot ist der Sollweg und in blau der Istweg dargestellt. Die Kurven fallen zusammen, wodurch sie in Abbildung 4.3 nur sehr schwer zu unterscheiden sind.

Mit der eingestellten Simulationsschrittweite, was dem Kommunikationsintervall entspricht, ergibt sich ein plausibles Ergebnis. Der Zylinder folgt der Sollwertvorgabe. Wird nun ein Solver mit einer variablen Schrittweite und den Ausgangseinstellungen von MATLAB/Simulink für den Solver gewählt, ergibt sich das in **Abbildung 4.4** dargestellte Simulationsergebnis. Bei den Ausgangseinstellungen des Solvers handelt es sich um Einstellungen der minimalen, maximalen und der Anfangsschrittweite, die auf „auto“ eingestellt sind.

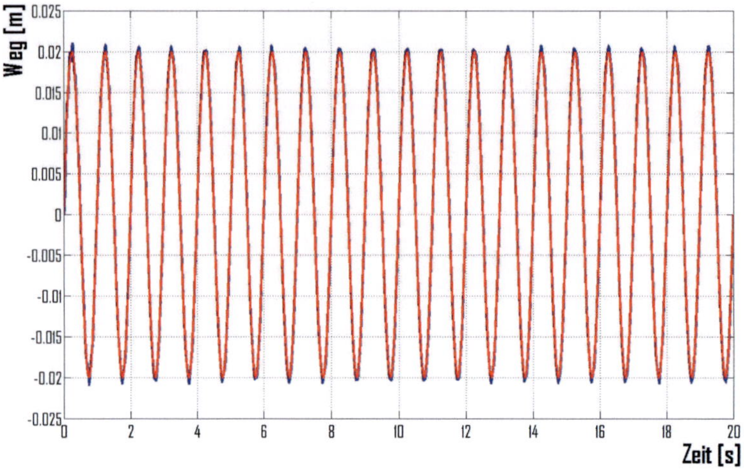

Abbildung 4.3: Vergleich von Soll- und Istweg bei einem Kommunikationsintervall von 0,1 ms

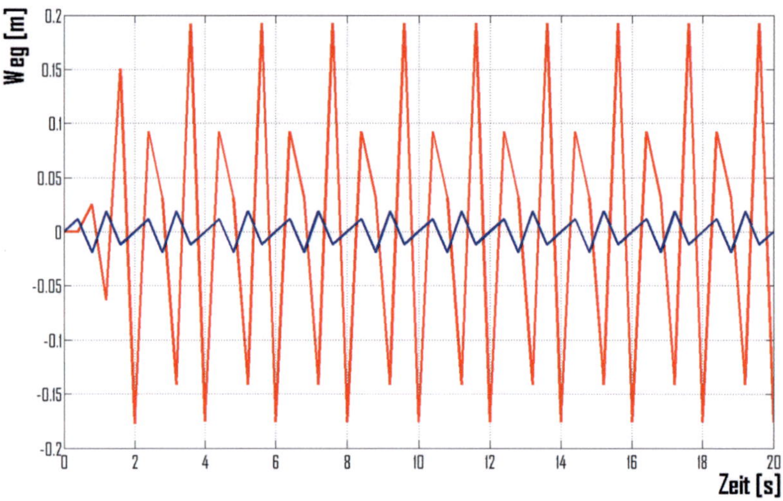

Abbildung 4.4: Simulation mit variabler Schrittweite

Das Ergebnis entspricht nicht der Referenzsimulation aus Abbildung 4.3. Dies hängt mit der variablen Schrittweitensteuerung zusammen. Bei der Simulation mit fester Schrittweite waren MATLAB/Simulink und DSHplus gezwungen, zu bestimmten

Zeitpunkten Zustandsgrößen auszutauschen. Die Austauschzeitpunkte waren dabei so gewählt, dass ein 1 Hz-Signal problemlos dargestellt werden kann. Bei der Simulation mit variabler Schrittweite ist zunächst nicht bekannt, wie groß die Simulationsschrittweite und damit die Kommunikationszeitpunkte sind. Da der MATLAB/Simulink – Solver nicht integrieren muss, orientiert sich die Schrittweite des Solvers an der maximal möglichen Schrittweite. Diese berechnet sich nach /M7/ zu

$$h_{max} = \frac{t_{stop} - t_{start}}{50}.$$

Somit ergibt sich bei einer Simulationszeit von 20 s eine Schrittweite von 0,4 s, was einer Frequenz von 2,5 Hz entspricht. Dies genügt nicht, das System exakt zu simulieren. Für eine Simulation mit plausiblen Simulationsergebnissen muss bei diesem System entweder eine feste Schrittweite verwendet oder aber die maximale Schrittweite des variablen Solvers reduziert werden, was einer festen Schrittweite entspräche. Der Einsatz eines Solvers mit variabler Schrittweite ist daher ohne eine Integration in Simulink nicht sinnvoll bzw. Ziel führend.

Als zweites Beispiel soll daher eine Simulation gezeigt werden, bei der der Einsatz eines Solvers mit variabler Schrittweite sinnvoll ist. Wiederum wird ein lagegeregelter Zylinder betrachtet. Allerdings wird bei diesem Modell ein Zylinder verwendet, der für die Kopplung mit einem Mehrkörpersimulationsprogramm (MKS) geeignet ist. Die Kopplung erfolgt nach der in **Unterkapitel 3.2 Grundlagen der Co-Simulation** beschriebenen Kraft-Weg-Kopplung. Der Zylinder benötigt als Eingabegrößen den Weg und die Geschwindigkeit und berechnet daraus die Kraft, die wiederum ein MKS-Programm für die Berechnung der Bewegungen benötigt. **Abbildung 4.5** zeigt das DSHplus-Modell des lagegeregelten Zylinders. In der Symbolik unterscheidet sich dieser Zylinder nur geringfügig vom Zylinder aus dem vorhergehenden Beispiel. An den Aus- und Eingabegrößen und letztlich an der Parametrierung des Zylinders lässt sich der Unterschied erkennen. Der Zylinder aus Abbildung 4.5 besitzt keine Masseeigenschaften, da die Masse aus dem mechanischen Teilmodell genommen wird.

Das mechanische Teilmodell wird in MATLAB/Simulink modelliert. Dabei wird die Mechanik in Form der Newton'schen Bewegungsgleichung mit

$$F = m \cdot \ddot{x}$$

abgebildet. Die Kraft F liefert in diesem Fall die Hydraulik. Über die Division mit der Masse m ergibt sich daraus die Beschleunigung $\ddot{x}$ und über zweifache Integration der Beschleunigung folgen die Geschwindigkeit $\dot{x}$ und der Weg x. Dies ist in der nachfolgenden **Abbildung 4.6** dargestellt.

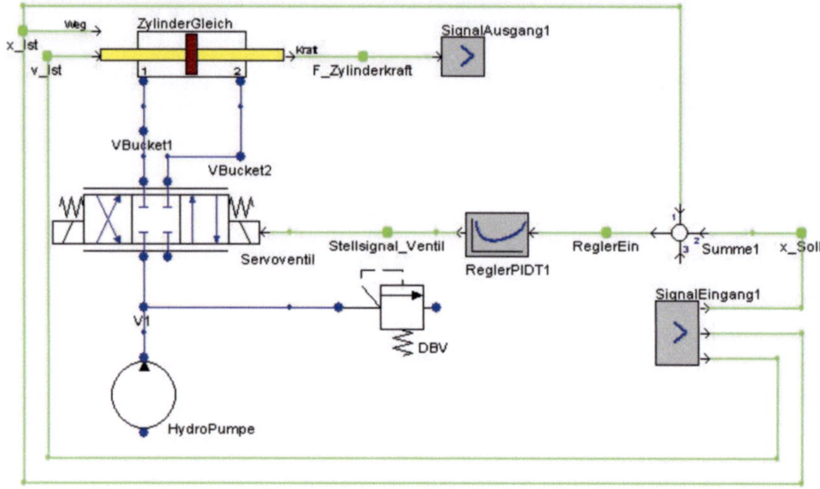

Abbildung 4.5: Lagegeregelter Zylinder mit externer Integration

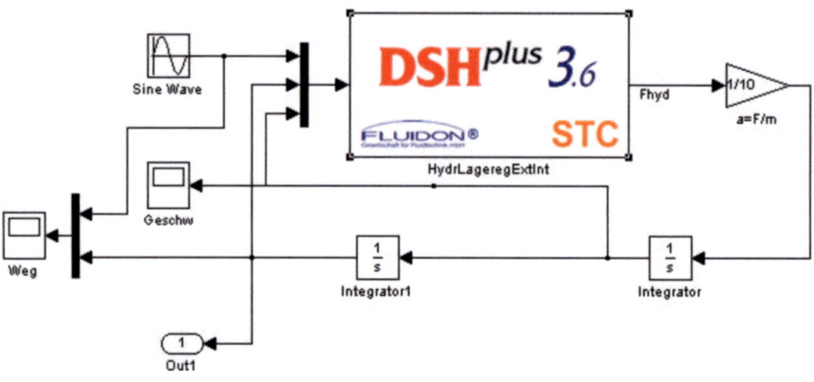

Abbildung 4.6: Lagegeregelter Zylinder mit externer Integration

Zusätzlich ist wiederum der Sinusgenerator mit einer Amplitude von 20 mm, einer Frequenz von 1 Hz und einem Offset von 0 mm für die Sollwertvorgabe integriert. Die Simulation wird zunächst mit einer auf Erfahrungswerten basierenden festen Schrittweite von 0,1 ms berechnet. Das Ergebnis gleicht Abbildung 4.3. Anschließend wird für die Simulation ein Solver mit einer variablen Schrittweite (ode 45) verwendet. Das Ergebnis der Simulation zeigt **Abbildung 4.7**.

Zu Beginn der Simulation ist eine deutliche Differenz zwischen dem Sollweg (rot) und dem Istweg (blau) zu erkennen. Dies hängt mit der Anfangsschrittweite des Solvers zusammen. Diese war wiederum auf „auto“ gestellt. Bei dieser Einstellung überprüft nach /M7/ das Programm die Veränderung der Zustandsgrößen und leitet daraus die Startschrittweite ab. Bei einer geeignet gewählten Startschrittweite von z.B. 1 ms verschwindet die Differenz zu Beginn der Simulation.

Es gibt aber einen deutlicheren Unterschied zwischen der Simulation mit fester und der mit variabler Schrittweite als die Differenz von Soll und Ist zu Beginn der Simulation. Die Anzahl an Schritten reduziert sich von 100.001 Schritten bei fester Simulationsschrittweite (Simulationsschrittweite von 0,1 ms bei 10 s Simulationszeit) auf 30.178 Schritte bei variabler Simulationsschrittweite (Grundeinstellungen für den Solver; Default rel. Tol. 10^{-3}, Default abs. Tol. 10^{-6}). Somit reduziert sich die Simulationszeit auf ca. ein Drittel der ursprünglichen Simulationszeit. Der Einsatz eines Solvers mit variabler Schrittweite kann somit sinnvoll sein, wenn die optimale Größe des Kommunikationsintervalls vorab nicht bestimmt werden kann.

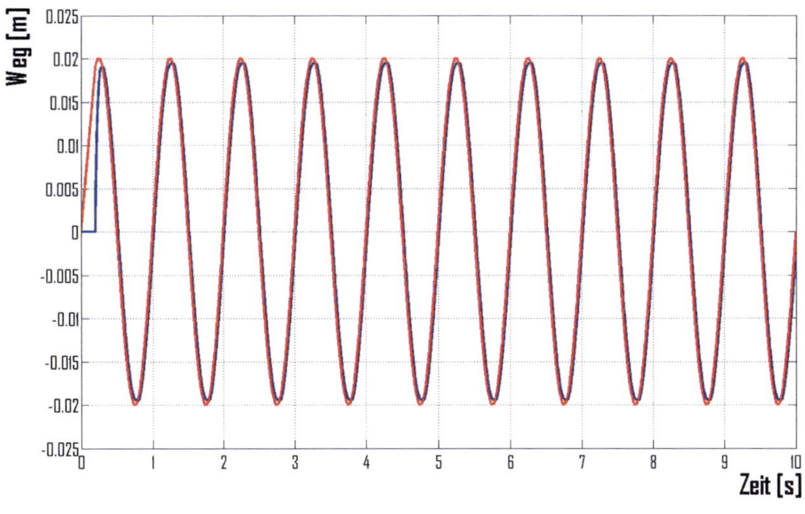

Abbildung 4.7: Simulationsergebnis mit variabler Schrittweitensteuerung

Anhand der beiden Beispiele konnte gezeigt werden, dass eine automatische Schrittweitensteuerung in MATLAB/Simulink nur dann sinnvoll ist, wenn unter MATLAB/Simulink eine Integration durchgeführt wird und die Kommunikationszeitpunkte einzig durch den Master vorgegeben werden.

Bei der Kopplung von MATLAB/Simulink mit SIMPACK oder AMESim erfolgt die Kommunikation über eine Schnittstelle, in der das Kommunikationsintervall fest vorgegeben wird. Diese Kommunikationsschnittstellen sind als MATLAB-S-Function ausgeführt und werden als diskrete Elemente von MATLAB/Simulink interpretiert. Das eingestellte Kommunikationsintervall entspricht dann der Diskretisierung der S-Function. Aufgrund der diskreten Kommunikationsschnittstellen ist ein Einsatz eines Solvers mit variabler Schrittweite nicht sinnvoll, da sich die variable Schrittweite gemäß der Einstellungen der diskreten Elemente einstellt.

Darüber hinaus muss beachtet werden, dass die Kommunikationszeitpunkte ein ganzzahliges Vielfaches der Schrittweite des Masters sein sollen und es gilt die Modellierungsvorschrift unter Simulink, dass miteinander kommunizierende Simulationsblöcke die gleiche Schrittweite besitzen müssen, da ansonsten eine Kommunikation zwischen den Blöcken nicht möglich ist. Auch der Einsatz von Haltegliedern bzw. Schrittweitenwandlern vor und nach den Simulationsblöcken führte nicht zum Erfolg.

Aus den bisherigen Darstellungen lässt sich ableiten, dass bei einer gekoppelten Simulation von SIMPACK, AMESim und DSHplus mit MATLAB/Simulink als Master eine feste Schrittweite zu wählen ist. Scholz realisiert zwar in /S3/ eine automatische Kommunikationsschrittweitensteuerung bei einer gekoppelten Simulation der Simulationsprogramme NEWMOS und Simulink. Dabei koppelt er aber Simulink an NEWMOS an. Hierfür fügt er der S-Function des Simulink –Modells zunächst einen Solver und anschließend einen Funktionsaufruf zum Sichern und Wiederherstellen der Zustandsgrößen, der Zeit und der zurückliegenden Stützstellen zur Berechnung der extrapolierten Eingangsgrößen sowie zur iterativen Lösung algebraischer Schleifen hinzu. Er beschreibt allerdings auch, dass eine Kommunikationsschrittweitensteuerung unter MATLAB/Simulink nicht möglich ist.

Für die Simulation mit MATLAB/Simulink als Master wird daher von einer festen Kommunikationsschrittweite bzw. einem festen Kommunikationsintervall ausgegangen. Die Wahl des Kommunikationsintervalls soll nun nachfolgend erläutert werden.

4.2 Wahl des Kommunikationsintervalls bei der gekoppelten Simulation

Nach /M1/ handelt es sich bei der gekoppelten Simulation um zwei diskret arbeitende Solver, die zu diskreten Zeitpunkten Signale austauschen. Um Aliasingeffekte (hohe Frequenzen werden in niedrigere transformiert) zu vermeiden, muss das Nyquist-Shannon'sche Abtasttheorem beachtet werden, welches besagt, dass ein System mit der Kreisfrequenz ω_{max} mindestens mit der doppelten Kreisfrequenz abgetastet werden soll (siehe hierzu auch /L9/).

$$\omega_T \overset{!}{>} 2\,\omega_{max} \tag{4.1}$$

Die Schrittweiten der beiden Solver müssen daher mindestens der doppelten, besser der 2,5 bis 4 fachen Frequenz entsprechen, die untersucht werden soll.

Da in diesem Zusammenhang das Nyquist-Shannon'sche Abtasttheorem als Orientierungshilfe für die Wahl des Kommunikationsintervalls genannt wird, soll kurz auf die Abtastzeit bei der digitalen Signalerfassung eingegangen werden. Im Endeffekt wird bei einer gekoppelten Simulation lediglich ein Signal zu bestimmten Zeitpunkten abgetastet und an ein anderes Programm weitergegeben, was diesen Vergleich legitimiert.

Die Abtastzeit bei der digitalen Signalerfassung sollte nach /L9/ zum einen möglichst klein gewählt werden, um den Unterschied zwischen Ursprungssignal und erzeugtem Signal gering zu halten. Zum anderen sollte die Abtastzeit möglichst groß gewählt werden, um im Bereich der Abtastung geringere Anforderungen an beispielsweise A/D- bzw. D/A-Wandler stellen zu können. Dabei genügt aber die Einhaltung des Nyquist-Shannon'schen Abtasttheorems nicht. Laut /L9/ sollte die Abtastfrequenz für gutes Führungsverhalten und schnelle Störunterdrückung bei

$$\omega_T \approx 6\,\omega_{max} \ldots 20\,\omega_{max}$$

liegen. Für kontinuierliche Regler wird sogar ein Wert von $\omega_T > 20\ \omega_{max}$ vorgeschlagen.

Die in einem System auftretenden Frequenzen haben somit einen direkten Einfluss auf die Wahl des Kommunikationsintervalls bei der gekoppelten Simulation. Dennoch orientieren sich die für einen Solver entwickelten Schrittweitensteuerungen am lokalen Diskretisierungsfehler und nicht direkt an der im System auftretenden maximalen Frequenz. Dies hängt damit zusammen, dass der Aufwand für die Berechnung der Frequenzen eines Systems höher ist als die Überwachung des lokalen Fehlers. Bei den eingebetteten Verfahren muss lediglich eine weitere Funktionsauswertung durchgeführt und eine Differenz gebildet werden. Eine Ermittlung der Frequenzen, genauer gesagt der Eigenfrequenzen, hätte eine Linearisierung des Systems in jedem Simulationsschritt mit anschließender Eigenwertberechnung zur Folge.

Daher soll zunächst betrachtet werden, wie beispielsweise die Startschrittweite für ein explizites Runge-Kutta-Verfahren ermittelt werden kann, um daraus einen Vorschlag für die Wahl des Kommunikationsintervalls bei der gekoppelten Simulation abzuleiten.

4.2.1 Ermittlung der Startschrittweite für ein explizites Runge-Kutta-Verfahren

Ein mögliches Vorgehen beschreibt Hairer in /H3/. Ausgangspunkt ist auch hier der lokale Fehler

$$err_{local} \approx Ch^{p+1} y^{(p+1)}(x_0). \tag{4.2}$$

Anschließend wird zunächst ein Funktionswert $f(x_0, y_0)$ mit Hilfe des Startwertes ermittelt. Dieser wird auch für den ersten Runge-Kutta-Schritt benötigt. Es werden die Normen von y_0 und $f(x_0, y_0)$ gebildet.

$$d_0 = \|y_0\|, \qquad d_1 = \|f(x_0, y_0)\|$$

Daraus ergibt sich die erste Näherung für die Startschrittweite h_0.

$$h_0 = 0.01 \cdot \frac{d_0}{d_1} \tag{4.3}$$

Falls d_0 oder d_1 kleiner als 1e-5 sind, wird die Startschrittweite auf 1e-6 s gesetzt.

Es wird nun ein Rechenschritt mit dem expliziten Euler-Verfahren $y_1 = y_0 + h_0 f(x_0, y_0)$ durchgeführt und $f(x_0 + h_0, y_0)$ berechnet. Anschließend wird

$$d_2 = \| f(x_0 + h_0, y_1) - f(x_0, y_0) \| / h_0 \tag{4.4}$$

als Schätzung der zweiten Ableitung der Lösung ermittelt und die Schrittweite h_1 anhand der Beziehung

$$h_1^{p+1} \cdot \max(d_1, d_2) = 0.01 \tag{4.5}$$

berechnet. Falls $\max(d_1, d_2) \leq$ 1e-15 ist, wird $h_1 = \max$ (1e-6, $h_0 \cdot$ 1e-3).

Daraus ergibt sich der Vorschlag für die Startschrittweite zu

$$h = \min(100 \cdot h_0, h_1) \tag{4.6}$$

Der beschriebene Lösungsansatz liefert laut /H3/ einen guten Schätzwert für die Startschrittweite. Ebenso können aber auch Erfahrungen aus Berechnungen ähnlicher

Probleme bzw. grundsätzliche numerische Erfahrungen für die Bestimmung der Startschrittweite verwendet werden.

Die Betrachtung des lokalen Fehlers liefert somit bei der Verwendung eines Solvers eine gute Näherung für den Startwert der Simulationsschrittweite. Allerdings ist der Aufwand zur Bestimmung der Simulationsstartschrittweite hoch und die Bestimmung selbst erfordert vertieftes Wissen aus dem Bereich der Numerik. Dieses Wissen kann bei einem Einsatz der gekoppelten Simulation bei einem Anwender nicht immer vorausgesetzt werden. Darüber hinaus steigt der Aufwand mit der Anzahl der Teilmodelle und der hierfür verwendeten Solver, die an der gekoppelten Simulation beteiligt sind. Daher wird die Bestimmung der Simulationsstartschrittweite mit Hilfe des lokalen Fehlers nicht für die Bestimmung der Kommunikationsschrittweite bzw. des Kommunikationsintervalls bei der gekoppelten Simulation verwendet.

4.2.2 Ermittlung des Kommunikationsintervalls über Frequenzen im System

Da die oben beschriebene Bestimmung des Kommunikationsintervalls für eine Co-Simulation aufgrund der genannten Gründe nicht eingesetzt werden kann, wird nachfolgend die Ermittlung des Kommunikationsintervalls anhand von Frequenzen untersucht. Als Ausgangspunkt dient hierbei die Analogie zwischen der Abtastzeit bei der digitalen Signalerfassung und dem Kommunikationsintervall.

Für die Untersuchungen wird der lagegeregelte Zylinder mit externer Integration aus **Unterkapitel 4.1** verwendet. Es wurde bereits gezeigt, dass bei dieser Co-Simulation von MATLAB/Simulink und DSHplus eine variable Schrittweitensteuerung unter Simulink verwendet werden kann. Es wird nun im Speziellen die Größe der einzelnen Zeitschritte betrachtet. Hierfür wird das System simuliert und anschließend die Größe der einzelnen Zeitschritte berechnet und analysiert. Das Ergebnis einer solchen Berechnung zeigt **Abbildung 4.8**.

Es zeigt sich, dass die Schrittweite über die gesamte Dauer der Simulation verändert wird. Allerdings ist ein „Mittelwert" der Schrittweiten bei 1,34 ms zu erkennen. Der Mittelwert wird in Abbildung 4.8 durch die schwarze gestrichelte Linie markiert. Ein Zeitschritt von 1,34 ms entspricht einer Frequenz von ca. 746 Hz. Zum Vergleich wurde die Eigenfrequenz des betrachteten Systems berechnet. Die Berechnungsgrundlagen von Eigenfrequenzen werden nachfolgend in den **Unterkapiteln 4.3** bis **4.6** gelegt. Aus diesem Grund werden sie an dieser Stelle zwar angewendet, jedoch noch nicht erläutert.

Bei einer bewegten Masse von 100 kg, einem Ölvolumen von in Summe 4 l in den Volumenknoten sowie einem Kolbendurchmesser von 100 mm ergibt sich für das System eine Eigenfrequenz von 74 Hz. Werden die beiden Frequenzen ins Verhältnis zueinander gesetzt, zeigt sich, dass das Kommunikationsintervall um den Faktor 10 kleiner ist als die Eigenfrequenz des Systems. Wird dieses Ergebnis mit der Vorgabe für die Abtastfrequenz ($\omega_T \approx 6\omega_{max} \ldots 20\omega_{max}$) verglichen, liegt der ermittelte Faktor im Bereich der vorgegebenen Grenzen.

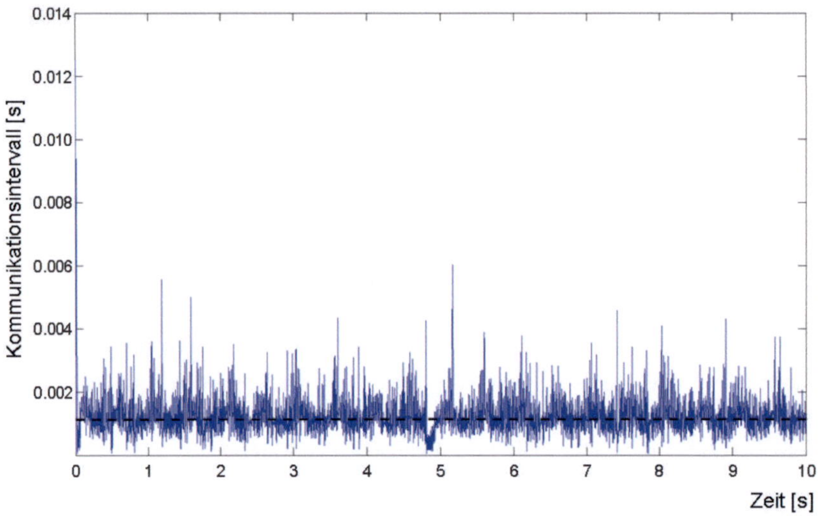

Abbildung 4.8: Kommunikation mit variabler Schrittweite

Aufgrund dieser ersten Erkenntnisse werden weitere Simulationen mit veränderter Eigenfrequenz durchgeführt. Hierzu wird die Masse des Systems verändert. Die Eigenfrequenz des Systems verhält sich dabei umgekehrt zur Massenänderung, d.h. bei steigender Masse sinkt die Eigenfrequenz und umgekehrt. **Abbildung 4.9** zeigt das Simulationsergebnis für eine Eigenfrequenz von 23 Hz. Deutlich ist eine größere Varianz der Schrittweiten zu erkennen. Das System ist aufgrund der höheren Masse träger und daher numerisch stabiler, was die größere Varianz erlaubt. Es lässt sich jedoch auch hier ein „Mittelwert“ bei 4,3 ms erkennen, was einer Frequenz von 232 Hz entspricht. Bei der bereits erwähnten Eigenfrequenz des Systems von 23 Hz ergibt sich auch hier der Faktor 10. Ähnliche Erkenntnisse konnten auch bei einer Erhöhung der Eigenfrequenz ermittelt werden.

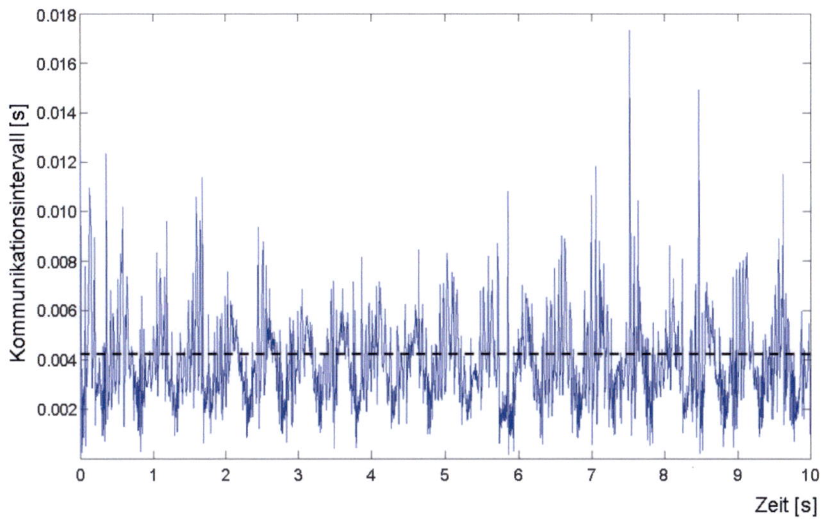

Abbildung 4.9: Kommunikation mit variabler Schrittweite bei 23 Hz Eigenfrequenz

Neben den Eigenfrequenzen werden auch die Solver unter MATLAB/Simulink variiert, um den Einfluss verschiedener numerischer Näherungsverfahren zu untersuchen. Es zeigt sich jedoch, dass der Einfluss der unterschiedlichen Solver im Hinblick auf den Mittelwert beim Kommunikationsintervall gering ist. Lediglich in der Varianz des Kommunikationsintervalls unterscheiden sich die Solver. Das Verhältnis zwischen der Eigenfrequenz des Systems und dem Kehrwert des Kommunikationsintervalls ist auch bei unterschiedlichen Solvern der Faktor 10.

Aus den Untersuchungen kann somit folgender Ansatz zur Bestimmung des Kommunikationsintervalls abgeleitet werden: Das Kommunikationsintervall soll einem Zehntel des Kehrwerts der Eigenfrequenz des zu simulierenden Systems entsprechen. Ähnliche Hinweise finden sich auch in der Literatur. Allerdings beziehen sich diese Hinweise auf die Simulationsstartschrittweite bei einer Simulation mit einem Solver. Inwiefern dieser Ansatz bei einer Simulation mit mehreren Solvern angewendet werden kann, muss noch gezeigt werden.

Stummel und Hainer empfehlen in /S11/, die Schrittweite h ein Zehntel so groß wie der Kehrwert der größten im System auftretenden Frequenz zu wählen, da eine große Schrittweite h einen großen Diskretisierungsfehler und eine kleine Schrittweite h einen großen Rundungsfehler verursachen können. Als Anhaltspunkt dient dabei die von den klassischen Runge-Kutta-Verfahren bekannte Schrittkennzahl κ mit

$$\kappa = 2 \cdot \left| \frac{k_2 - k_1}{k_1 - k_0} \right|. \tag{4.7}$$

Einen ähnlichen Vorschlag machen Brychta und Müller in /B8/. Sie beziehen sich auf die kleinste im System auftretende Zeitkonstante, was wiederum dem Kehrwert der größten Frequenz entspricht. Die Schrittweite sollte dann einem Zehntel dieser kleinsten Zeitkonstante entsprechen.

$$h = \frac{T_{klein}}{10} \tag{4.8}$$

4.2.3 Ansatz zur Wahl des Kommunikationsintervalls bei der gekoppelten Simulation

Diese Vorschläge für die Wahl der Schrittweite eines Solvers sollen nun auf die gekoppelte Simulation angewendet werden. Es soll überprüft werden, ob das Kommunikationsintervall bei der gekoppelten Simulation anhand der vorgestellten Berechnungsvorschrift bestimmt werden kann. In einem ersten Schritt müssen hierzu die Eigenwerte bzw. Eigenkreisfrequenzen des betrachteten Systems bestimmt werden. In einem zweiten Schritt müssen alle weiteren Frequenzanteile, z.B. Erregerschwingungen, analysiert werden, um letztlich anhand der höchsten im System auftretenden Frequenz das Kommunikationsintervall abzuleiten.

Die Eigenwerte linearer Systeme werden aus der Jacobi-Matrix bestimmt. Die Eigenwerte nichtlinearer Systeme werden durch Linearisierung an ausgewählten Arbeitspunkten aus der Jacobi-Matrix ermittelt. Allerdings sollte beachtet werden, dass die Eigenwerte arbeitspunktabhängig sein und sich daher im Laufe einer Simulation ändern können.

Die in dieser Arbeit verwendeten Simulationsprogramme bieten die Möglichkeit einer Eigenwertuntersuchung. Allerdings bezieht sich diese Untersuchung jeweils nur auf das modellierte Teilsystem. Eine Analyse des Gesamtsystems über die Kopplung hinweg ist durch die Programme nicht möglich. Der Anwender hat nun die Möglichkeit, entweder das Gesamtsystem in einem Simulationsprogramm abzubilden oder die Eigenwerte bzw. Eigenkreisfrequenzen näherungsweise zu bestimmen.

Die Bestimmung der Eigenwerte bzw. Eigenkreisfrequenzen durch Abbildung des Gesamtsystems in einem Simulationsprogramm erhöht den Modellierungsaufwand. Für die Überprüfung der Funktionssicherheit einzelner Teilmodelle wird aber häufig das gesamte System mit reduzierter Detaillierung modelliert, da ansonsten die jeweiligen Teilmodelle nicht überprüft werden können. Die für die Überprüfung zu leistende Mehrarbeit kann somit zur Bestimmung der Eigenkreisfrequenzen genutzt werden.

Die Bestimmung der Eigenwerte bzw. Eigenkreisfrequenzen von Hand erfordert ein tiefes Systemverständnis und wird je nach betrachtetem System beliebig komplex. Ziel ist letztlich, die höchste im System auftretende Eigenkreisfrequenz zu ermitteln. Für die Berechnung der Eigenwerte bzw. Eigenkreisfrequenzen mechanischer, hydraulischer, elektrischer und regelungstechnischer Systeme sollen daher nachfolgend die Grundlagen kurz erläutert werden, da für einfache Systeme das Kommunikationsintervall von Hand abgeschätzt werden kann.

4.3 Die mechanische Eigenkreisfrequenz

Die mechanische Eigenkreisfrequenz lässt sich aus der Betrachtung einer an einer Feder mit der Federsteifigkeit c aufgehängten, ungedämpften Masse m herleiten. Aus der homogenen linearen Differentialgleichung

$$m\ddot{x} + cx = 0 \tag{4.9}$$

ergibt sich mit dem Ansatz für $x(t) = A \cdot \sin(\omega t)$, wobei A die Amplitude und ω die Eigenkreisfrequenz des Systems sind, nach /B3/ folgender Zusammenhang:

$$\omega_0 = 2\pi f = \sqrt{\frac{c}{m}}. \tag{4.10}$$

Die Masse des mechanischen Systems ist gegeben. Die Steifigkeit des Systems muss bestimmt werden. Grundsätzlich errechnet sich die Steifigkeit beispielsweise einer Feder aus der auf die Feder wirkenden Kraft F und der dadurch hervorgerufenen Auslenkung x zu

$$c = \frac{F}{x}. \tag{4.11}$$

Es müssen jedoch in realen Systemen nicht immer Federn sein, die Schwingungen des Systems ermöglichen. Jeder Werkstoff und jede Verbindungsstelle zwischen Bauteilen besitzt eine Steifigkeit, wodurch schwingfähige Systeme entstehen. Bei der Betrachtung von Mehrkörpersimulationsmodellen hingegen müssen diese Systemeigenschaften explizit durch Lagerungen oder eingebrachte Kraftelemente realisiert werden, da die Körper selbst keine Steifigkeit besitzen, sondern als starr angenommen werden.

Die Bestimmung der Eigenwerte mechanischer Systeme, woraus sich die Eigenkreisfrequenzen berechnen lassen, kann nun im Frequenz- oder Zeitbereich erfolgen. Im Frequenzbereich können die Eigenwerte bzw. Eigenkreisfrequenzen über die Fast-Fourier-Transformation ermittelt werden. Im Zeitbereich kann das System mit Hilfe der Modalanalyse berechnet werden.

4.4 Die hydraulische Eigenkreisfrequenz

Analog zu mechanischen Systemen sind auch hydraulische Systeme schwingfähig. Gründe hierfür sind die Elastizität der Flüssigkeit, der Zylinder und der Leitungen. /B2/ Hydraulische Systeme besitzen wie mechanische oder elektrische Systeme Eigenkreisfrequenzen. Diese Eigenkreisfrequenzen für den ungedämpften Fall lassen sich laut /M8/ mit Hilfe der hydraulischen Kapazität C_H und der hydraulischen Induktivität L_H nach Gleichung (4.12) berechnen.

$$\omega_0 = \sqrt{\frac{1}{C_H \cdot L_H}} \tag{4.12}$$

Gleichung (4.12) kann aus der Gleichung für die mechanische Eigenfrequenz hergeleitet werden, indem für die Steifigkeit und die Masse ein hydraulisches Äquivalent bestimmt werden. /B2/

Darüber hinaus lässt sich die Gleichung für die hydraulische Eigenfrequenz ermitteln, indem für ein hydraulisches Netzwerk die Differentialgleichung hergeleitet und anhand eines Koeffizientenvergleichs mit der mechanischen Schwingungsgleichung die Eigenfrequenz bestimmt wird. /M8/

4.5 Die elektrische Eigenkreisfrequenz

Die elektrische Eigenkreisfrequenz oder nach /F7/ auch Kennkreisfrequenz genannt tritt in so genannten elektrischen Schwingkreisen auf. Bei einem Schwingkreis handelt es sich um die Reihenschaltung einer elektrischen Induktivität L und einer elektrischen Kapazität C. Solche Schwingkreise führen freie oder erzwungene Schwingungen aus. Eingesetzt werden Schwingkreise mit erzwungenen Schwingungen beispielsweise in der Radio- und Fernsehtechnik zum Aussenden und Empfangen elektromagnetischer Wellen. Die Frequenz solcher Schwingkreise berechnet sich nach /F7/ zu

$$\omega_0 = \frac{1}{\sqrt{L \cdot C}}. \tag{4.13}$$

4.6 Die Eigenkreisfrequenz regelungstechnischer Systeme

Die Eigenwerte regelungstechnischer Systeme berechnen sich nach /L9/ aus der Übertragungsfunktion des jeweiligen regelungstechnischen Systems. Dabei werden die Nullstellen des Zählers und des Nenners der Übertragungsfunktion bestimmt. Die Nullstellen des Nenners sind die so genannten Polstellen. Schwingfähige Systeme besitzen komplexwertige Polstellen. Diese treten immer paarweise als konjungiert komplexe Polpaare auf. Aus ihnen errechnet sich die Eigenwerte bzw. Eigenkreisfrequenz zu

$$\omega_0 = 2\pi f = \sqrt{\mathrm{Re}^2 + \mathrm{Im}^2}\ . \tag{4.14}$$

Für die Übertragungsfunktion

$$G(s) = \frac{s+5}{s^2 + 2s + 5} \tag{4.15}$$

soll beispielhaft in **Abbildung 4.10** ein Pol-Nullstellen-Diagramm in der komplexen Zahlenebene gezeigt werden, aus dem sich die Eigenwerte und Eigenkreisfrequenzen berechnen lassen. Die Pole sind dabei mit Kreuzen und die Nullstellen mit Kreisen markiert. Diese Darstellung wird auch Wurzelortskurve genannt.

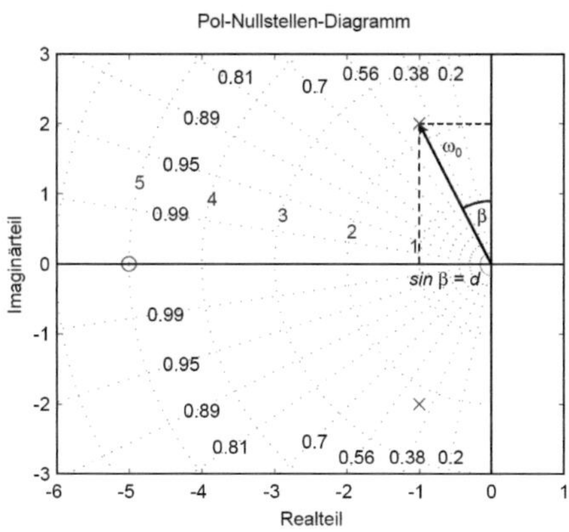

Abbildung 4.10: Beispiel eines Pol-Nullstellen-Diagramms

4.7 Anregungs- oder Erregerschwingungen in mechatronischen Systemen

Die bisher behandelten Schwingungen, ausgedrückt durch die Eigenwerte und Eigenfrequenzen, sind eine Form von Schwingungen, die in mechatronischen Systemen auftreten. Sie lassen sich durch die oben dargestellten Gleichungen berechnen. Hinzu kommen die so genannten Anregungs- oder Erregerschwingungen mit ihren entsprechenden Frequenzen, die im Betrieb entstehen. Fallen Anregungsfrequenz und Eigenkreisfrequenz zusammen, kann es zu so genannten Resonanzschwingungen kommen, die je nach Amplitude bzw. Dämpfung Probleme verursachen und bis zum Ausfall des Systems führen können. Ziel ist daher, ein System immer im über- oder unterkritischen Bereich zu betreiben und nicht im Betrieb für längere Zeit in die Resonanzfrequenz zu kommen.

Für die Bestimmung des Kommunikationsintervalls ist es wichtig, neben den Eigenwerten und Eigenkreisfrequenzen auch die Anregungsfrequenzen zu kennen. Sollten Anregungsfrequenzen im System auftreten, die größer als die höchste Eigenkreisfrequenz sind, muss sich das Kommunikationsintervall an der höchsten Anregungsfrequenz orientieren. Im Folgenden sollen am Beispiel eines Traktors einige Effekte vorgestellt werden, wodurch Anregungsfrequenzen entstehen können.

Zunächst sollen mechanische Anregungen betrachtet werden, die in den Traktor eingebracht werden. Dies geschieht beispielsweise im Fahrbetrieb beim Fahren über Feld- und Waldwege, auf denen je nach Wegprofil Stöße in das Fahrzeug eingeleitet werden. In **Abbildung 4.11** ist das Wegprofil einer solchen Feldwegfahrt exemplarisch dargestellt. Auf der Hochachse ist dabei die Wegamplitude in Metern und auf der Querachse die Zeit in Sekunden aufgetragen.

Das Wegsignal wurde mit Hilfe einer FFT-Analyse untersucht. Die Anregungsfrequenzen liegen in einem Bereich unter 10 Hz, wobei die Hauptanregungsfrequenzen im Bereich von 1-2 Hz liegen. Die Geschwindigkeit des Fahrzeugs lag bei diesen Versuchen bei 40 km/h. Gefahren wurde mit einer Vorderachslast von 2880 kg.

Neben den Anregungen durch das Wegprofil treten Anregungen durch den Traktorreifen selbst auf. Böhler befasst sich in /B5/ unter anderem mit der Modellierung der Traktorreifen und verweist in diesem Zusammenhang auf die Schwingungsanregung durch den Reifen sowohl durch Unrundheiten, durch Unwuchten oder durch die Stollenanregung. Diese Anregungen sind an die Fahrgeschwindigkeit des Traktors und im Falle der Stollen auch an die Anzahl der Stollen gekoppelt. Bei Fahrgeschwindigkeiten bis 50 km/h und Reifenumfängen bis 5,4 m liegen die Anregungen durch Reifenunwuchten im Bereich von 2,5 Hz. Die mittlere Stollenanzahl solcher Reifen beträgt 20 Stollen, wodurch Frequenzen von 50 Hz entstehen. Durch die Anordnung der Stollen treten Anregungen 2. Ordnung auf, wodurch Anregungsfrequenzen von 100 Hz entstehen können.

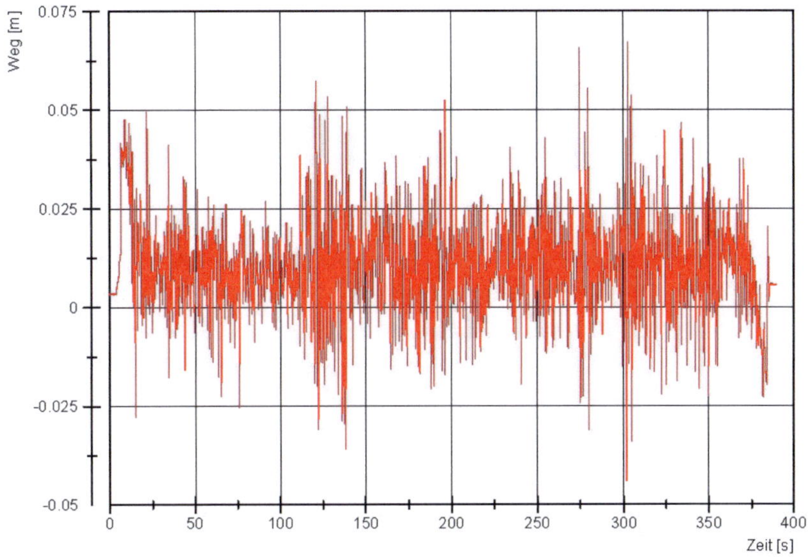

Abbildung 4.11: Wegprofil einer Feldwegfahrt eines Traktors

Eine weitere Anregungsquelle findet sich im Bereich der Hydraulik. Die in Traktoren verbauten Hydraulikpumpen wie beispielsweise Axialkolbenpumpen, Innen- und Außenzahnradpumpen oder Flügelzellenpumpen erzeugen einen diskontinuierlichen Volumenstrom, was an einer Einkolbenpumpe veranschaulicht werden kann. Beim Vorwärtshub fördert die Einkolbenpumpe, beim Rückwartshub ist die Förderung unterbrochen. Die Förderunterbrechung reduziert sich mit der steigenden Anzahl an Förderkolben. Dennoch besitzen auch Mehrkolbenpumpen eine Volumenstrompulsation, welche exemplarisch an einer 3-Kolbenpumpe in **Abbildung 4.12** dargestellt ist.

Eine Volumenstrompulsation führt zu einer Druckpulsation, welche sich über das Hydrauliköl im gesamten Fahrzeug ausbreitet. Bei einer 9-Kolbenpumpe und der Nenndrehzahl von 3000 Umdrehungen pro Minute ergeben sich Anregungsfrequenzen von 450 Hz. Eventuell auftretende Oberschwingungen sind in diesem Fall noch nicht berücksichtigt.

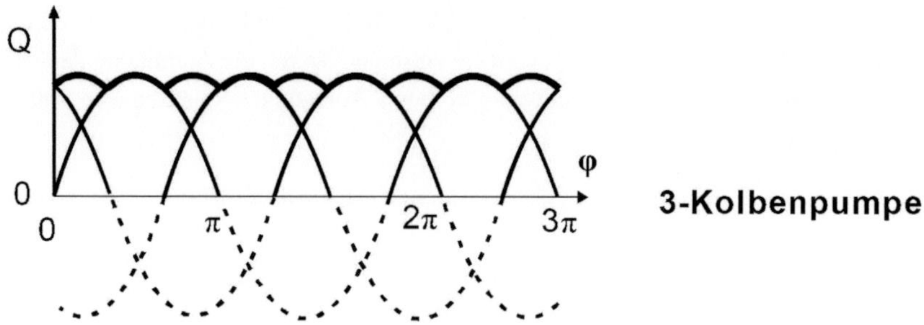

Abbildung 4.12: Volumenstrompulsation einer 3-Kolbenpumpe nach /G4/

Die Beispiele zeigen, dass neben den Eigenwerten und Eigenkreisfrequenzen des Systems auch Anregungsfrequenzen untersucht werden müssen. Nach der Ermittlung aller Frequenzen muss sich das Kommunikationsintervall dann an der höchsten im System auftretenden Frequenz orientieren. An Beispielen soll nun nachfolgend ein Nachweis für die Vorschrift gegeben werden, dass das Kommunikationsintervall bei der gekoppelten Simulation ein Zehntel kleiner als der Kehrwert der größten im System auftretenden Frequenz zu wählen ist.

5 Nachweis der Methodik zur Bestimmung des Kommunikationsintervalls

Im nachfolgenden Kapitel wird die Methodik zur Bestimmung des Kommunikationsintervalls anhand verschiedener Beispiele nachgewiesen. Zunächst wird die Methodik an einem einfachen Modell eines Hydraulikzylinders überprüft, der über eine Kopplung von SIMPACK und DSHplus unter Simulink simuliert wird. Anschließend wird das Modell eines Radladers, im Speziellen ein Modell des Radladerhubgerüsts, untersucht, wobei auch hier das System durch Kopplung der Programme SIMPACK und DSHplus unter Simulink simuliert wird. Abschließend wird das Modell einer Traktorvorderachsfederung untersucht. Dieses Modell wird durch Kopplung der Programme SIMPACK, DSHplus und AMESim unter Simulink realisiert.

Zunächst jedoch wird am Beispiel der Kopplung von SIMPACK und Simulink der Einfluss des Kommunikationsintervalls auf die Signalqualität gezeigt. Dabei wird in Simulink ein Solver mit fester Schrittweite von 10^{-6} s verwendet und das Kommunikationsintervall zu SIMPACK variiert.

5.1 Einfluss des Kommunikationsintervalls auf die Signalqualität

Um den Einfluss des Kommunikationsintervalls auf die Signalqualität zu veranschaulichen, wird in SIMPACK das Modell eines einfachen Ein-Massen-Schwingers aufgebaut, welches in **Abbildung 5.1** dargestellt ist. Es handelt sich hierbei um die Kolbenstange (grün) eines Hydraulikzylinders, die sich über eine Feder (rot) gegen das Zylindergehäuse (blau) abstützt. Das Zylindergehäuse ist hierbei arretiert, die Kolbenstange kann sich längs der Zylinderachse bewegen.

Für die Co-Simulation mit Simulink werden als Austauschgrößen die Kolbenstangenposition x und die Federvorspannkraft F festgelegt, wobei die Kolbenstangenposition als Systemausgangs- und die Federvorspannkraft als Systemeingangsgröße von SIMPACK definiert wird. Die Federvorspannkraft wird für die Simulation zu null gesetzt. Es wirkt lediglich die Schwerkraft, deren Wirkrichtung für ein Einfahren der Kolbenstange sorgt.

Wird die Simulation für das oben dargestellte Mechanikmodell gestartet, beginnt die Kolbenstange aufgrund der wirkenden Schwerkraft einzufahren. Bei entsprechend gewählten Parametern für die Masse der Kolbenstange und die Steifigkeit der Feder ergibt sich eine freie harmonische Schwingung. Die Frequenz dieser Schwingung lässt sich entsprechend Gleichung (4.10) berechnen. Sie entspricht der Eigenfrequenz des Systems. Die Federsteifigkeit ist dabei mit 39,48 N/mm so gewählt, dass das System bei einer Kolbenstangenmasse von 10 kg eine Eigenfrequenz von 10 Hz besitzt. Es ergibt sich die in **Abbildung 5.2** dargestellte Schwingung mit einer Schwingdauer von 0,1 s bei einer Simulationszeit von 1 s und einem Kommunikationsintervall von 0,1 ms.

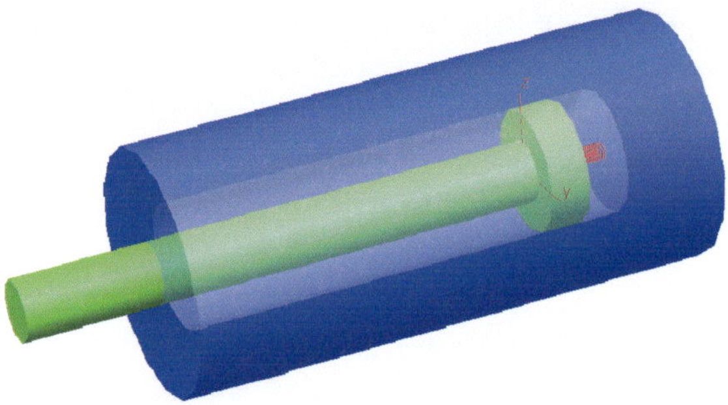

Abbildung 5.1: Einfaches Modell eines Ein-Massen-Schwingers

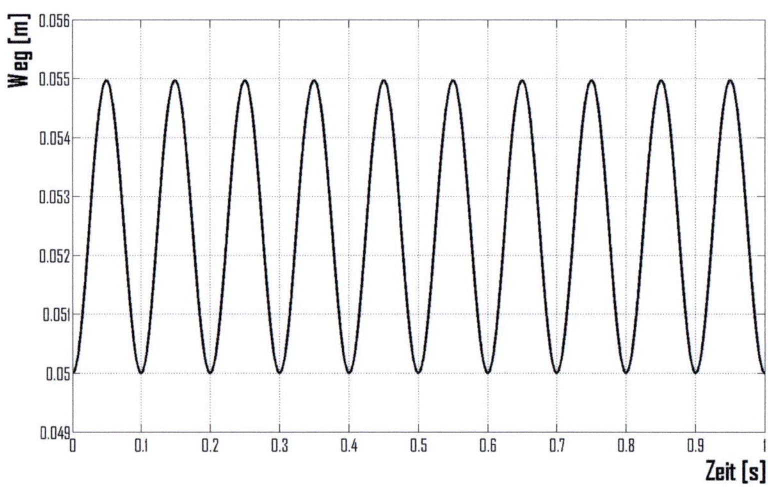

Abbildung 5.2: 10 Hz-Sinusschwingung eines Ein-Massen-Schwingers

Das Kommunikationsintervall ist bei dieser Simulation um den Faktor 1000 kleiner als die darzustellende Frequenz. Laut Gleichung (4.8) genügt es jedoch, das Kommunikationsintervall um den Faktor 10 kleiner als dem Kehrwert der darzustellenden Frequenz zu wählen. Bei 10 Hz Eigenfrequenz entspricht dies einem Kommunikationsintervall von 0,01 s. Das Ergebnis der Simulation mit einem Kommunikationsintervall von 0,01 s bei einer Schwingung mit 10 Hz Eigenfrequenz ist in **Abbildung 5.3** dargstellt.

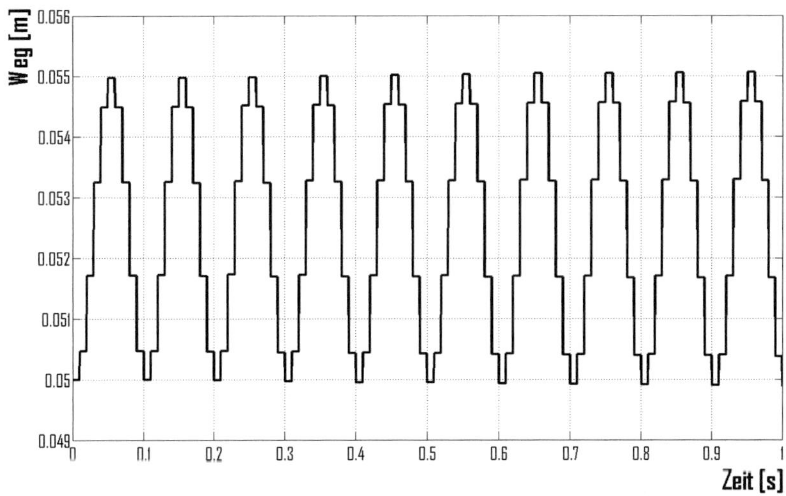

Abbildung 5.3: 10 Hz-Sinusschwingung eines Ein-Massen-Schwingers bei einem Kommunikationsintervall von 0,01 s

Die 10 Hz-Schwingung ist noch zu erkennen. Es sind jedoch deutlich „Stufen“ zu sehen, die durch die Diskretisierung des Signals entstehen. Die Diskretisierung selbst erfolgt durch die festen Kommunikationszeitpunkte. Zwischen den einzelnen Kommunikationszeitpunkten wird der Wert aus SIMPACK, in diesem Fall der Weg, konstant gehalten. Mit diesem Signal müssen nun bei einer Co-Simulation andere Co-Simulationsteilnehmer rechnen. Ob damit plausible Simulationsergebnisse erzeugt werden können, wird nachfolgend am Beispiel eines Hydraulikzylinders überprüft, der durch die Kopplung von SIMPACK und DSHplus unter Simulink modelliert wird.

Aus Gründen der Vollständigkeit wird in **Abbildung 5.4** das Simulationsergebnis dargstellt, wenn das Kommunikationsintervall nach dem Nyquist-Kriterium gewählt wird, d.h. die 10 Hz-Schwingung mit 20 Hz abgetastet werden, was einem Kommunikationsintervall von 0,05 s entspricht. Bei diesem Kommunikationsintervall wird anstelle einer Sinus- eine Rechtsecksschwingung dargestellt. Die Frequenz stimmt, allerdings wird das Signal verfälscht. Die Erfüllung des Nyquist-Kriteriums reicht somit nicht bei der Wahl des Kommunikationsintervalls.

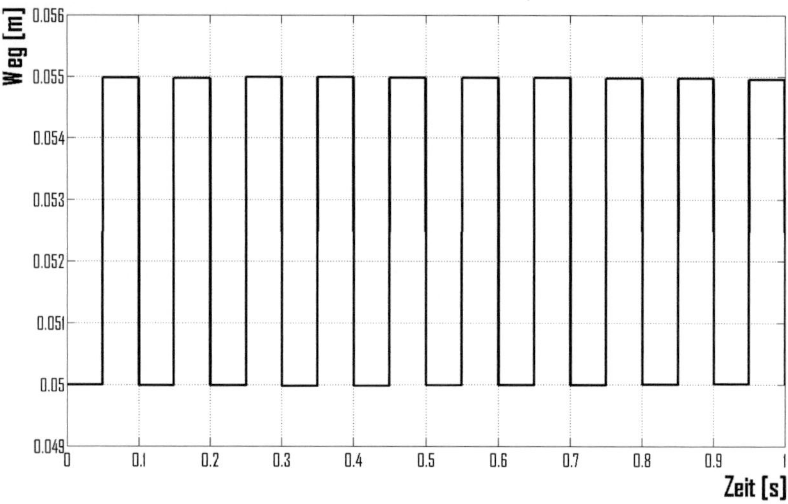

Abbildung 5.4: 10 Hz-Schwingung eines Ein-Massen-Schwingers nach dem Nyquist-Kriterium

5.2 Überprüfung der Methodik am Beispiel eines einfachen Hydraulikzylinders

In **Kapitel 4** wurde eine **Methodik zur Bestimmung des Kommunikationsintervalls** vorgestellt. Kernpunkt der Methodik ist die Aussage, dass sich das Kommunikationsintervall bei der gekoppelten Simulation an der höchsten im System auftretenden Frequenz orientieren muss. Ein Zehntel des Kehrwerts der höchsten Frequenz soll als Kommunikationsintervall gewählt werden, was durch Gleichung (4.8) ausgedrückt wird. Diese Gleichung wird nachfolgend noch einmal aufgeführt, da sie zu beweisen ist:

$$h = \frac{T_{klein}}{10}.$$

Der Nachweis für Gleichung (4.8) wird zunächst am Beispiel eines einfachen Hydraulikzylinders durchgeführt, dessen Eigenfrequenz sich durch Gleichung (4.12) berechnen lässt. Der Hydraulikzylinder besteht aus zwei Teilmodellen. Der mechanische

Teil des Hydraulikzylinders wird in SIMPACK modelliert. Das hydraulische Teilmodell wird in DSHplus aufgebaut.

5.2.1 Mechanisches Teilmodell des einfachen Hydraulikzylinders

Abbildung 5.5 zeigt das mechanische Teilmodell. Es besteht aus einem feststehenden Gehäuse (blau), indem sich die Kolbenstange (rot) mit einer Masse von zunächst 30 kg längs der Zylinderachse bewegen kann. Das System besitzt somit einen translatorischen Freiheitsgrad. Der Verfahrweg der Kolbenstange von 500 mm ist durch Anschläge am oberen und unteren Ende des Zylindergehäuses begrenzt. Zwischen dem Kolbenstangenboden und dem Zylindergehäuse wirkt ein Kraftelement, dessen Kraftwert von außen von Simulink vorgegeben wird. Zusätzlich werden über einen Sensor der Weg und die Geschwindigkeit des Zylinderkolbens erfasst und an Simulink ausgegeben.

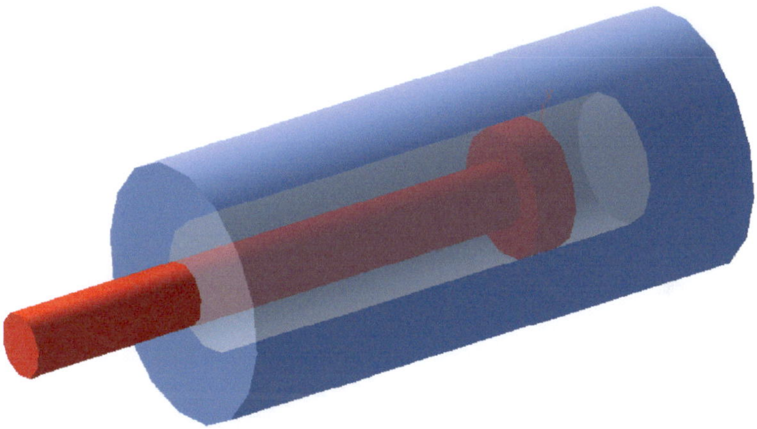

Abbildung 5.5: Mechanisches Teilmodell des Hydraulikzylinders

5.2.2 Hydraulisches Teilmodell des einfachen Hydraulikzylinders

Das hydraulische Teilmodell ist in **Abbildung 5.6** dargestellt. Es besteht aus einer Konstantpumpe, die einen Volumenstrom von 120 l/min liefert, einem 4/3-Proportional-Wegeventil und einem Differentialzylinder mit 150 mm Kolbendurchmesser, 75 mm Kolbenstangendurchmesser und 500 mm Verfahrweg. Vervollständigt wird das Modell durch das auf 200 bar eingestellte Druckbegrenzungsventil (DBV) und die STC-Schnittstellen für die Co-Simulation mit Simulink. Für die geplante Kraft-Weg-Kopplung mit der Mechanik werden die Kraft nach Simulink ausgegeben und der Weg und die Geschwindigkeit von Simulink vorgegeben. Zusätzlich wird ein Signal zur Betätigung des Wegeventils an DSHplus übergeben. Über dieses Signal kann der Anwender das Ventil steuern und somit den Zylinder ein- und ausfahren lassen.

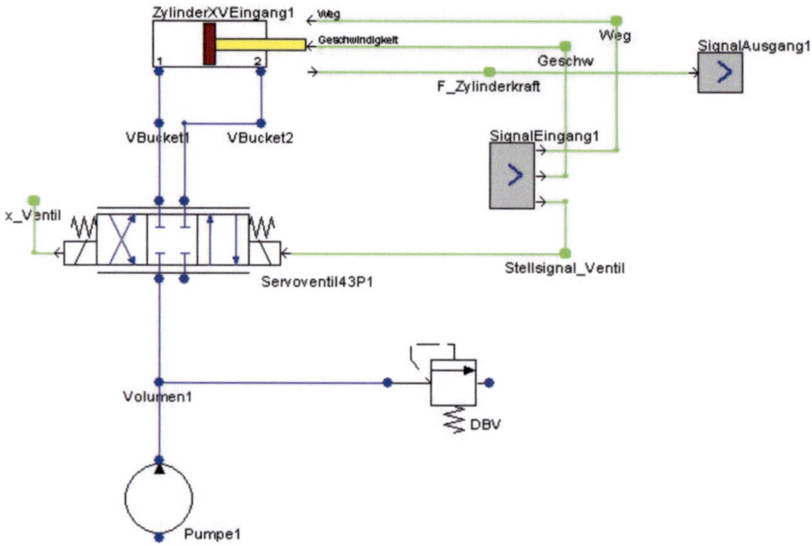

Abbildung 5.6: Hydraulisches Teilmodell des Hydraulikzylinders

Die Leitungen des Systems sind als hydraulische Knoten abgebildet. Die Parametrierung der Knoten zeigt **Abbildung 5.7**. In den Knoten sind lediglich das Volumen der Leitungen, die im realen System die einzelnen Elemente miteinander verbinden würden, und Korrekturfaktoren des Elastizitätsmoduls parametriert. Startdruck, Differenztemperatur oder auch die Elastizität der Leitungen werden nicht berücksichtigt. Die Volumenknoten stellen somit die hydraulischen Kapazitäten dar.

Die Pumpe und das Wegeventil sowie das DBV besitzen keine eigenen Kapazitäten. Lediglich der Hydraulikzylinder besitzt eine positionsabhängige Kapazität, wie sie in Gleichung (3.14) dargestellt wurde.

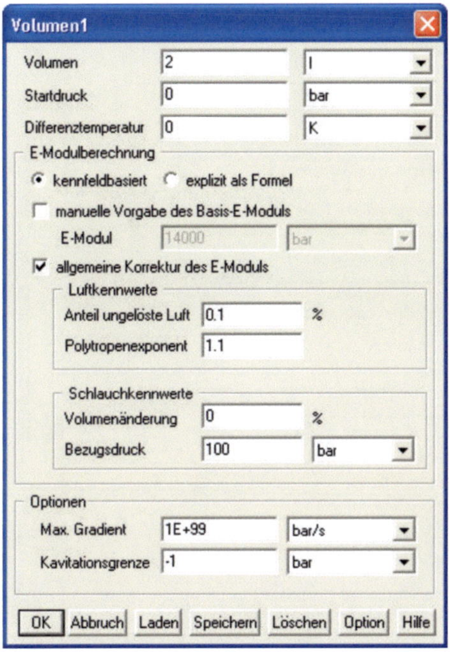

Abbildung 5.7: Parameter eines Hydraulikknotens

5.2.3 Gesamtmodell des einfachen Hydraulikzylinders mit Simulationsergebnissen

Die Kopplung der beiden Teilmodelle erfolgt unter Simulink. Dort wird auch die Vorgabe für das Wegeventil über ein so genanntes „Slider Gain" erzeugt. Ein „Slider Gain" ist ein Multiplikator, dessen Wert über einen Schieberegler vom Anwender verändert werden kann. Das Simulink-Modell des Hydraulikzylinders zeigt **Abbildung 5.8**. Es beinhaltet neben den genannten Komponenten „Scopes" zur Visualisierung der Austauschgrößen, einen Verstärker-Block (Gain) zur Änderung des Vorzeichens der Kraft sowie einen Baustein zum Speichern des Weges in den Workspace von MATLAB, ein so genannter „out-Block".

Für die Ermittlung des Kommunikationsintervalls wird die Eigenfrequenz des gekoppelten Systems entsprechend Gleichung (4.12) bestimmt. Das Kommunikationsintervall orientiert sich in diesem Beispiel an der höchsten Eigenfrequenz, da im System keine Anregungsquellen vorhanden sind. Die Pumpe arbeitet in der Simulation ideal und liefert einen pulsationsfreien Volumenstrom. Mechanische Anregungen treten nicht auf.

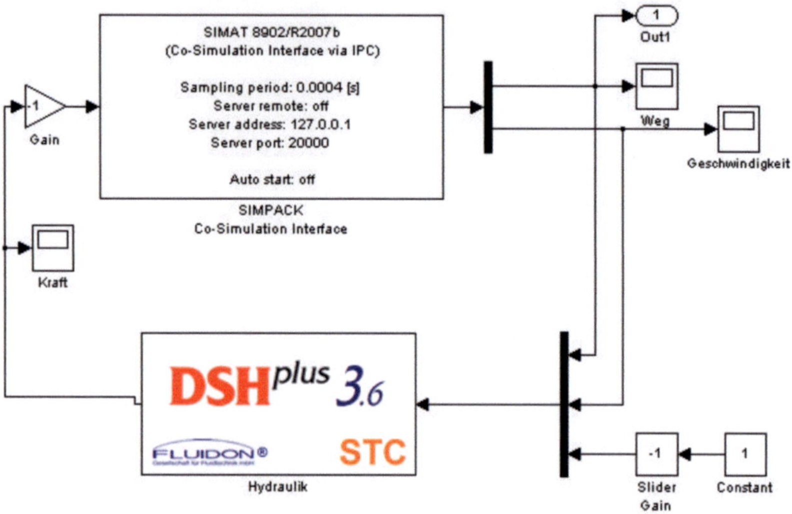

Abbildung 5.8: Simulink-Modell des Hydraulikzylinders

Für die Ermittlung der Eigenfrequenz werden die hydraulische Kapazität C_H und die hydraulische Induktivität L_H mit Hilfe von Gleichung (2.28) und (2.31) berechnet.

$$\omega = 2\pi f = \sqrt{\frac{1}{C_H \cdot L_H}} = \sqrt{\frac{E_{Öl} \cdot A_K^2}{V_0 \cdot m}} \tag{5.1}$$

Es wird für die Berechnung der Betriebspunkt betrachtet, bei dem die höchste Eigenfrequenz auftritt, d.h. bei größter Fläche und größtem Ersatzkompressionsmodul sowie kleinstem Volumen und kleinster Masse. Die Kolbenmasse beträgt 30 kg. Es wird in der Simulation mit einem HLP 46 Öl gerechnet, welches einen Ersatzkompressionsmodul von 14.851,2 bar besitzt. Die größte Fläche steht auf der Kolbenseite zur Verfügung. Es wird daher mit dem Kolbendurchmesser von d_K = 150 mm gerechnet. Das kleinste Volumen tritt auf, wenn der Kolben mit der Kolbenstange komplett eingefahren ist und im unteren Endanschlag steht. Die aufsummierte Ölmenge beträgt dann 4 l. Somit ergibt sich eine Eigenfrequenz von ca. 313 Hz, was einem Zeitschritt bzw. einer Schrittweite von ca. 3 ms entspricht. Daraus ergibt sich das Kommunikationsintervall zu 0,3 ms, womit die Co-Simulation durchgeführt wird. Das Ergebnis der

Simulation in Form des Verfahrweges des Hydraulikzylinders zeigt **Abbildung 5.9**. Die Simulationszeit für die Simulation beträgt 20 s.

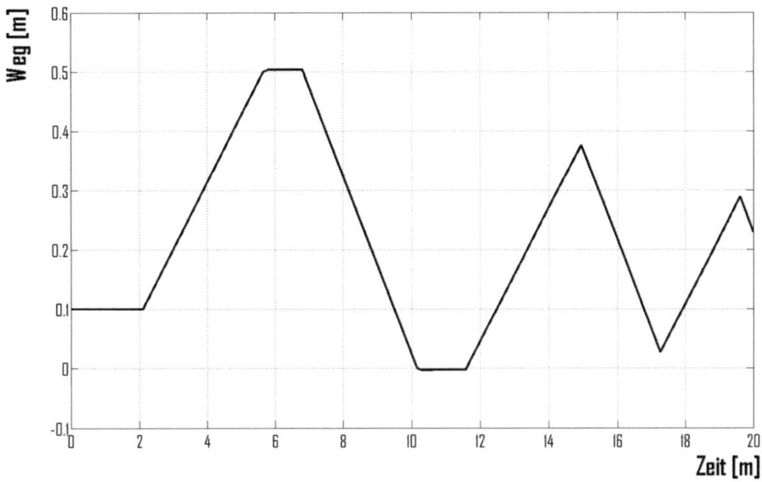

Abbildung 5.9: Simulationsergebnis bei 313 Hz Eigenfrequenz und 0,3 ms Kommunikationsintervall

Zu Beginn der Simulation ist das Wegeventil geschlossen. Der Hydraulikzylinder verbleibt in seiner Startposition. Nach ca. 2 s wird das Wegeventil geöffnet und der Hydraulikzylinder fährt aus. Nach Erreichen des oberen Endanschlags nach ca. 5,5 s und einer Verweilzeit von ca. 1 s wird der Hydraulikzylinder eingefahren, bis er den unteren Endanschlag nach 10 s erreicht. Nach 11,8 s wird der Zylinder erneut ausgefahren, um anschließend einen Wechsel zwischen Aus- und Einfahren zu simulieren. Der Hydraulikzylinder folgt den Vorgaben durch den Anwender. Er zeigt ein plausibles Verhalten. Die Simulation mit einem Kommunikationsintervall von 0,3 ms bei einer Eigenfrequenz von 313 Hz ist plausibel.

Im Anschluss an diese Simulation wird das Kommunikationsintervall auf 0,4 ms erhöht. Somit ist das Kommunikationsintervall größer als durch Gleichung (4.8) vorgegeben. **Abbildung 5.10** zeigt das Simulationsergebnis.

Die Simulation wird nach dem gleichen Schema wie die vorhergehende durchgeführt. Der Hydraulikzylinder wird zunächst ausgefahren, bis er den oberen Endanschlag erreicht und anschließend nach einer kurzen Verweilzeit eingefahren. Nach Erreichen des unteren Endanschlags bricht jedoch die Simulation ab. Aufgrund des gewählten Kommunikationsintervalls führt die Unstetigkeit des Endanschlags zu einem Abbruch der Simulation, was sich in der sprungartigen Bewegung des Hydraulikzylinders zeigt.

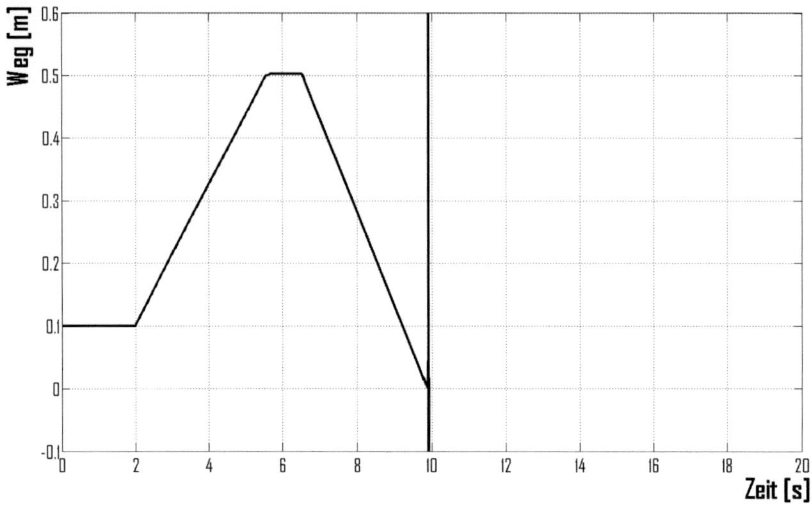

Abbildung 5.10: Simulationsergebnis bei 313 Hz Eigenfrequenz und 0,4 ms Kommunikationsintervall

Diese beiden ersten Simulationen bestätigen den Ansatz zur Bestimmung des Kommunikationsintervalls nach Gleichung (4.8). Nachfolgend werden Varianten dieses Modells berechnet, indem die Eigenfrequenz des Systems durch Verändern der Volumina und der Masse zunächst erhöht und anschließend gesenkt wird. Bei der Erhöhung der Eigenfrequenz wird das Volumen in den Hydraulikknoten in Summe von 4 l auf 2 l gesenkt und die Masse von 30 kg auf 10 kg reduziert. Die Eigenfrequenz erhöht sich dadurch auf 766 Hz, was zu einem Zeitschritt von 1,3 ms und dies wiederum zu einem Kommunikationsintervall von gerundet 0,1 ms führt. Das Ergebnis der Simulation zeigt **Abbildung 5.11**.

Zur Überprüfung von Gleichung (4.8) wird auch bei diesem Beispiel das Kommunikationsintervall erhöht. Für das in **Abbildung 5.12** dargestellte Simulationsergebnis wird das Kommunikationsintervall auf 0,2 ms eingestellt. Die Simulation verläuft zunächst ohne Probleme. Nach 2 s wird das Wegeventil betätigt und der Hydraulikzylinder eingefahren. Bei Erreichen des unteren Endanschlags bricht die Simulation ab. Die Unstetigkeit des Endanschlags führt zu einem Aufschwingen des Zylinders, was wiederum zum Abbruch der Simulation führt. Das Simulationsergebnis ähnelt dem in Abbildung 5.10 dargestellten Ergebnis, da auch dort der Abbruch der Simulation bei Erreichen des unteren Endanschlags erfolgt.

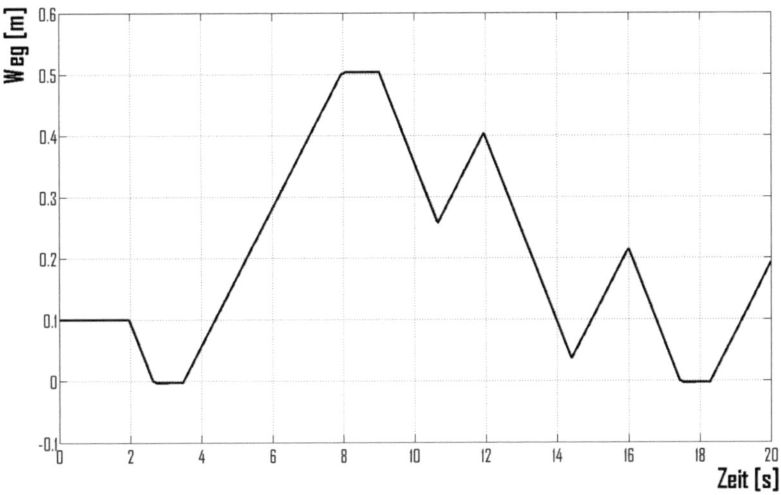

Abbildung 5.11: Simulationsergebnis bei 766 Hz Eigenfrequenz und 0,1 ms Kommunikationsintervall

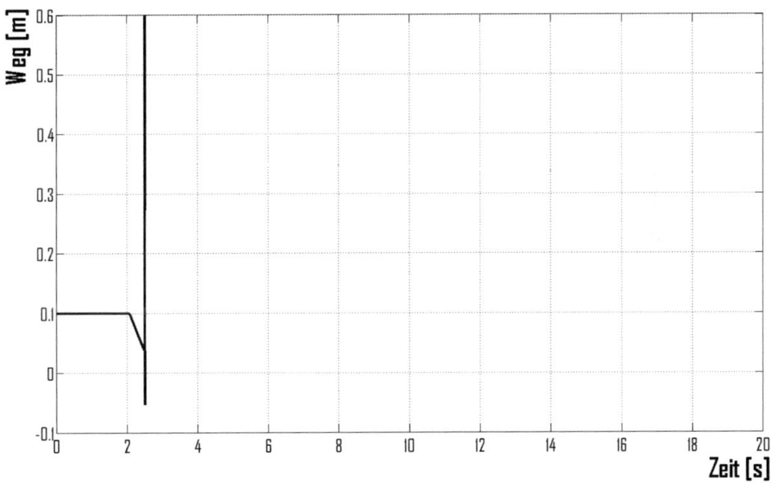

Abbildung 5.12: Simulationsergebnis bei 766 Hz Eigenfrequenz und 0,2 ms Kommunikationsintervall

Um mit einer geringeren Eigenfrequenz simulieren zu können, werden nachfolgend die Ölvolumina in den Hydraulikknoten in Summe von 4 l auf 10 l sowie die Masse der Kolbenstange von 30 kg auf 100 kg erhöht. Die Eigenfrequenz reduziert sich auf 108 Hz, was zu einem Zeitschritt von 9 ms führt. Dadurch ergibt sich ein Kommunikationsintervall von 0,9 ms. Das Ergebnis der Simulation ist in **Abbildung 5.13** dargestellt. Wiederum zeigt sich ein plausibles Simulationsergebnis.

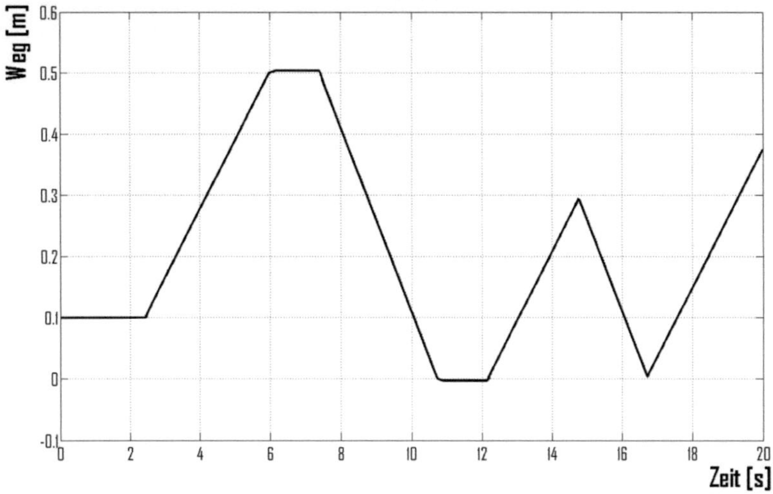

Abbildung 5.13: Simulationsergebnis bei 108 Hz Eigenfrequenz und 0,9 ms Kommunikationsintervall

Die Simulation wird anschließend mit einem Kommunikationsintervall von 1 ms durchgeführt. Das Ergebnis dieses Simulationslaufs ist in **Abbildung 5.14** zu sehen. Nachdem das Wegeventil zum Einfahren des Hydraulikzylinders betätigt wurde, kommt es zu einem Aufschwingen des Systems, was zu einem Abbruch der Simulation führt.

Die bisher dargestellten Simulationsergebnisse haben gezeigt, dass Simulationen stabil rechnen und plausible Ergebnisse liefern, wenn das Kommunikationsintervall einem Zehntel des Kehrwerts der höchsten im System auftretenden Frequenz entspricht. Wurde das Kommunikationsintervall größer als einem Zehntel des Kehrwerts der höchsten im System auftretenden Frequenz gewählt, führte dies insbesondere bei steifen Systemen zu einem instabilen Verhalten bis hin zu Abbruch der Simulation.

Neben einem zu groß gewählten Kommunikationsintervall kommt es bei den durchgeführten Simulationen durch ein anderes Phänomen zu Instabilitäten, das bis zum Abbruch der Simulation führen kann. Dieses Phänomen wird aus Gründen der Vollständigkeit kurz beschrieben. Die Instabilität entsteht beim Aus- oder Einfahren des Hydraulikzylinders und einem Schließen des Wegeventils während der Bewegung. In **Abbildung 5.15** ist diese Instabilität dargestellt.

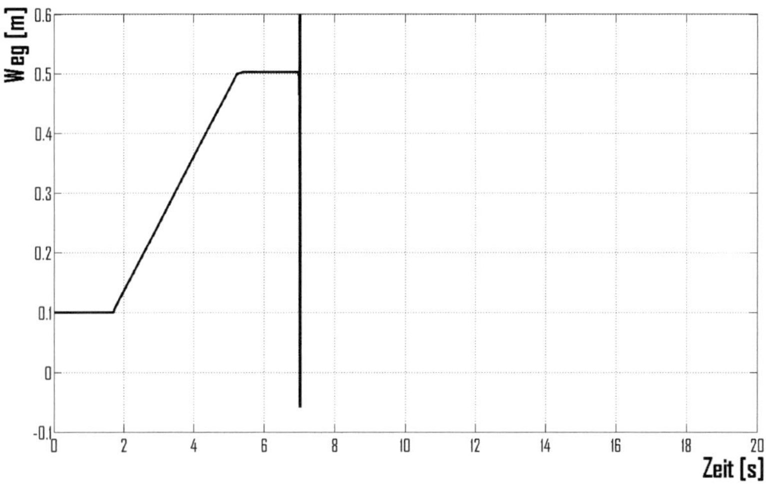

Abbildung 5.14: Simulationsergebnis bei 108 Hz Eigenfrequenz und 1 ms Kommunikationsintervall

Im abgebildeten Simulationsergebnis wird zunächst der Hydraulikzylinder aus und nach ca. 3 s wieder eingefahren. Bei diesem Beispiel wird mit dem oben beschriebenen steifen System (2 l Ölvolumen, 10 kg Masse der Kolbenstange) und einem Kommunikationsintervall von 0,1 ms simuliert. Bei knapp 4 s wird das Wegeventil geschlossen. Durch das Schließen des Wegeventils wird die Ölzufuhr zum Hydraulikzylinder unterbrochen. Er sollte dadurch stehen bleiben. Aufgrund der Massenträgheit der Kolbenstange bewegt sich die Kolbenstange jedoch weiter. Da auf der Kolbenseite aufgrund des geschlossenen Wegeventils kein Öl mehr abfließen und auf der Stangenseite zufließen kann, baut sich auf der Kolbenseite ein Druck auf, während auf der Stangenseite Kavitation entsteht. Der sich aufbauende Druck bremst den Zylinder ab und beschleunigt den Zylinder in die Gegenrichtung. Dabei erhält er mehr Energie, als er für das Erreichen der Sollposition benötigt und schwingt nun über die Sollposition hinaus. Nun baut sich auf Stangenseite ein Druck auf, wohingegen auf der Kolbenseite Kavitation entsteht. Die Kolbenstange des Hydraulikzylinders beginnt zu schwingen.

Die Schwingung geht nach ca. 0,3 s zurück. Der Zylinder wird anschließend eingefahren und erneut das Wegeventil geschlossen. Erneut verhält sich der Hydraulikzylinder instabil. Es zeigt sich wiederum eine Schwingung. Allerdings kommt der Hydraulikzylinder zur Ruhe, so dass er ein weiteres Mal ein und ausgefahren werden kann. Bei

10 s wird das Wegeventil erneut geschlossen. Der Hydraulikzylinder beginnt zu schwingen.

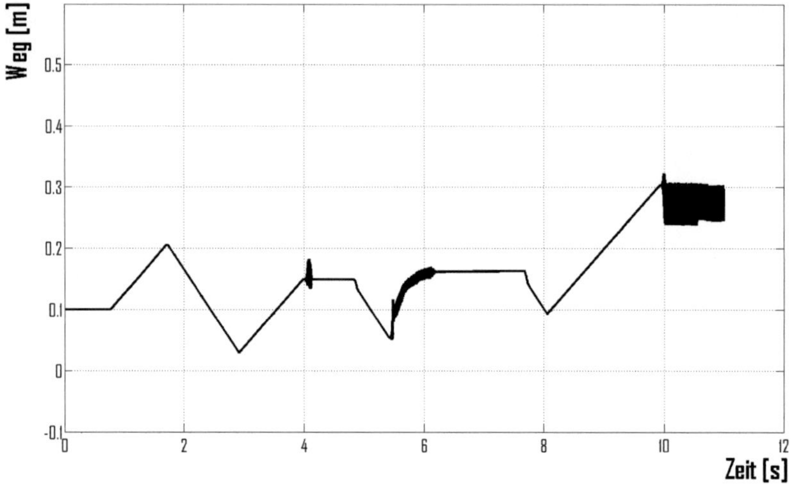

Abbildung 5.15: Instabilität beim Schließen des Wegeventils

Diese Schwingung kann nicht mehr gestoppt werden. Das System besitzt aufgrund seiner Modellierung keine Reibung, was eine dämpfende Wirkung auf die Schwingung hätte. Auch ein erneutes Öffnen des Wegeventils, um den Zylinder aus- oder einzufahren, bringt das System nicht wieder in Ruhe bzw. in einen kontrollierten Zustand. Eine Reduzierung des Kommunikationsintervalls hilft an dieser Stelle nicht. Lediglich eine Senkung der Eigenfrequenz durch Erhöhung der hydraulischen Kapazität bzw. durch Erhöhung der Kolbenstangenmasse stabilisiert das System in diesem Betriebszustand, was **Abbildung 5.16** zeigt. Bei dieser Simulation wird das bereits beschriebene System mit 10 l Ölvolumen und 100 kg Kolbenstangenmasse gerechnet, das System ist also deutlich weicher als das zuerst betrachtete. Weichere Systeme sind numerisch einfacher zu rechnen, was in Kapitel 2 bereits erläutert wurde.

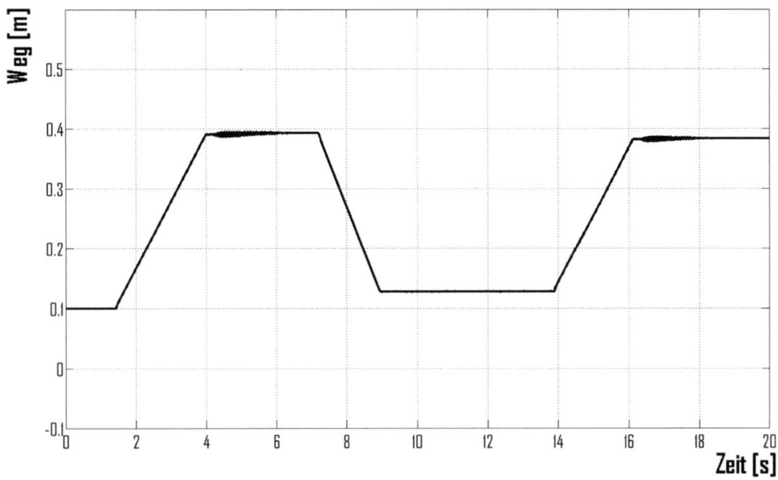

Abbildung 5.16: Stabile Systemsimulation mit 108 Hz Eigenfrequenz trotz Schließens des Wegeventils

Als Ergebnis dieser ersten Untersuchungen lässt sich Folgendes festhalten: Am Beispiel eines einfachen Hydraulikzylinders wurde die Methodik zur Bestimmung des Kommunikationsintervalls angewandt. Die Simulationen haben gezeigt, dass der Ansatz vielversprechend ist. Allerdings handelt es sich bei diesem Hydraulikzylinder um ein sehr einfaches System. Aus diesem Grund werden am Beispiel eines Radladerhubgerüsts weitere Untersuchungen durchgeführt.

5.3 Überprüfung der Methodik am Beispiel eines Radladerhubgerüsts

Die Simulation des Radladerhubgerüsts erfolgt wiederum durch Kopplung eines mechanischen und eines hydraulischen Teilmodells unter Simulink. Nachfolgend werden die einzelnen Teilmodelle vorgestellt.

5.3.1 Mechanisches Teilmodell des Radladerhubgerüsts

Das mechanische Teilmodell wird in SIMPACK erstellt und ist in **Abbildung 5.17** dargestellt. An einem Vorderwagen (gelb) ist das Hubgerüst (blau) angebunden. Das Hubgerüst stützt sich über die beiden Hubzylinder (silbergrau) gegen den Vorderwagen ab. Am Ende des Hubgerüsts ist die Schaufel (rot) angebracht. Die Schaufel wird über den Kippzylinder (silbergrau) betätigt. Hierfür ist der am Vorderwagen angebrachte Kippzylinder über die Kraftumlenkung (grün) und die Stange (schwarz) mit der Schaufel verbunden. Vervollständigt wird das Modell durch den Hinterwagen (blau transparent), die Achsen (silbergrau und grün) und die Räder (schwarz).

Abbildung 5.17: Mechanisches Teilmodell des Radladers

Das Hubgerüst kann sich entsprechend dem realen Modell bewegen. Die Fahrbewegung des Fahrzeugs ist nicht modelliert. Der Vorderwagen ist arretiert. Als Austauschgrößen dienen wiederum die Wege, Geschwindigkeiten und Kräfte der Hydraulikzylinder, um eine Kraft-Weg-Kopplung zu realisieren. Das Modell besitzt somit sieben Systemausgangsgrößen und drei Systemeingangsgrößen. Bei den Systemeingangsgrößen handelt es sich um die Hydraulikzylinderkräfte des Kippzylinders und der beiden Hubzylinder. Bei den Systemausgangsgrößen handelt es sich um die Wege und Geschwindigkeiten der drei genannten Hydraulikzylinder. Zusätzlich wird der Winkel der Schaufel ausgegeben, um deren Bewegung während der Simulation untersuchen zu können.

5.3.2 Hydraulisches Teilmodell des Radladerhubgerüsts

Das hydraulische Teilmodell wird in DSHplus erstellt. Es ist in **Abbildung 5.18** zu sehen. Eine drehzahlgeregelte Pumpe versorgt das System mit Hydrauliköl. Die Drehzahlvorgabe erfolgt in Simulink. Es sind zwei 6/3-Proportional-Wegeventile integriert. Mit einem Ventil wird die Bewegung des Kippzylinders, mit dem anderen die Bewegung der beiden Hubzylinder gesteuert. Die beiden Wegeventile besitzen in Ruhestellung einen so genannten Neutralumlauf, d.h. in Mittelstellung pumpt die Pumpe über die beiden Ventile direkt in den Tank. Dies hilft, Energie einzusparen, da bei geschlossenem Anschluss in Mittelstellung des Wegeventils die Pumpe auf den Druck des eingebauten Druckbegrenzungsventils (DBV) gehen und dann über das DBV in den Tank fördern würde.

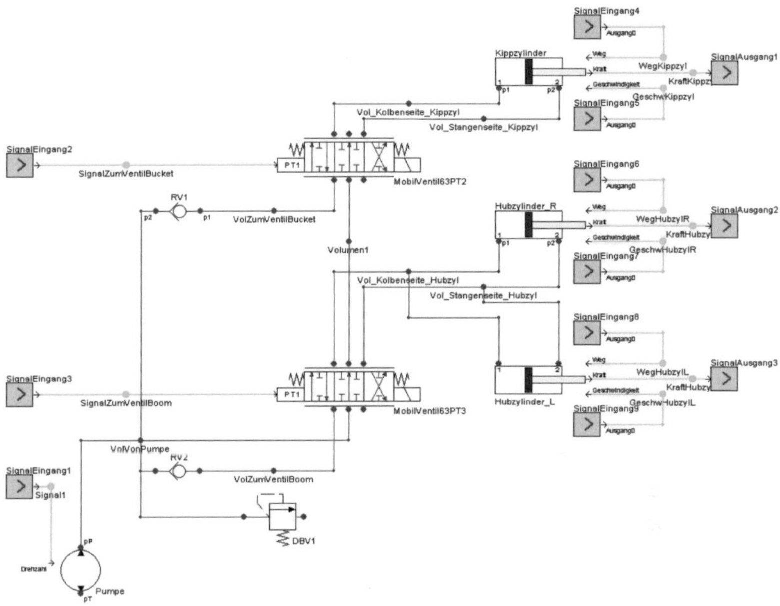

Abbildung 5.18: Hydraulisches Teilmodell des Radladers

Des Weiteren sind die Hydraulikzylinder sowie die STC-Schnittstellen integriert. Die Kräfte der Hydraulikzylinder bilden die Systemausgangsgrößen. Als Systemeingangsgrößen werden die Wege und Geschwindigkeiten der Hydraulikzylinder, die Stellsignale der Ventile und die Drehzahlvorgabe für die Pumpe übergeben. Zusätzlich sind noch Rückschlagventile in den Zulaufleitungen der Zylinder integriert, um ein unerwünschtes Einsinken des Hubgerüsts beim Öffnen der Wegeventile zu verhindern, was aufgrund des Eigengewichtes der Fall wäre.

5.3.3 Gesamtmodell des Radladerhubgerüsts mit Simulationsergebnissen

Die Kopplung beider Teilmodelle erfolgt unter Simulink. Das Gesamtmodell ist in **Abbildung 5.19** dargestellt. Die Benutzervorgaben werden über eine Kombination aus Slider Gain und Konstante realisiert. Sie finden sich im oberen Drittel der Abbildung 5.19. Auf der rechten Seite sind die Elemente zur Visualisierung der Zustandsgrößen angeordnet, mittig und unten das hydraulische und das mechanische Teilmodell.

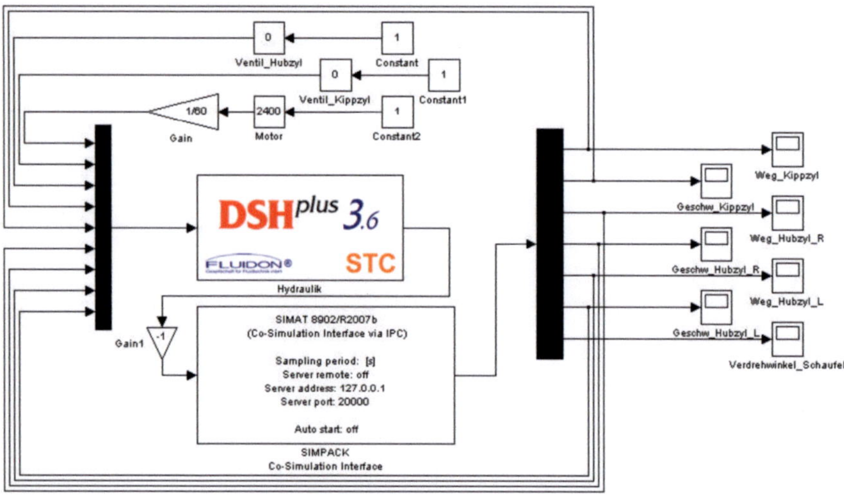

Abbildung 5.19: Gesamtmodell des Radladers

Zur Bestimmung des Kommunikationsintervalls müssen die Frequenzen des Systems bestimmt werden. Wie beim Beispiel des einfachen Hydraulikzylinders treten auch in diesem Modell keine fremd erregten Schwingungen auf. Daher orientiert sich das Kommunikationsintervall an der höchsten im System auftretenden Eigenfrequenz. Eine Bestimmung von Hand ist trotz des übersichtlichen Systems schwierig. Daher erfolgt die Bestimmung der höchsten Eigenfrequenz mit Hilfe der Simulationsprogramme. Grundsätzlich lassen sich hierfür sowohl DSHplus als auch SIMPACK verwenden, da beide Simulationsprogramme eine Eigenwertanalyse anbieten.

Aufgrund von fehlenden Kraftelementen in der Mechanik bzw. aufgrund fehlender Steifigkeiten (vgl. Gleichung 4.10) liefert eine Eigenwertanalyse in der Mechanik kein Ergebnis. Die Eigenfrequenz des Systems lässt sich somit mit Hilfe von Gleichung 4.12 ermitteln. Hierfür muss allerdings das System komplett in DSHplus aufgebaut werden. Auf Basis des Modells aus Abbildung 5.18 wird daher ein Gesamtmodell des Radladers in DSHplus erstellt, welches in **Abbildung 5.20** dargestellt ist. Die STC-Schnittstellen werden entfernt. Die für die Co-Simulation verwendeten Hydraulikzylindermodelle, so genannte x-v-Zylinder, werden durch Standardzylinder ersetzt, die Masseeigenschaften besitzen. Die Ansteuerung der Ventile sowie die Drehzahlvorgabe der Pumpe erfolgen über Signalblöcke mit einem konstanten Wert.

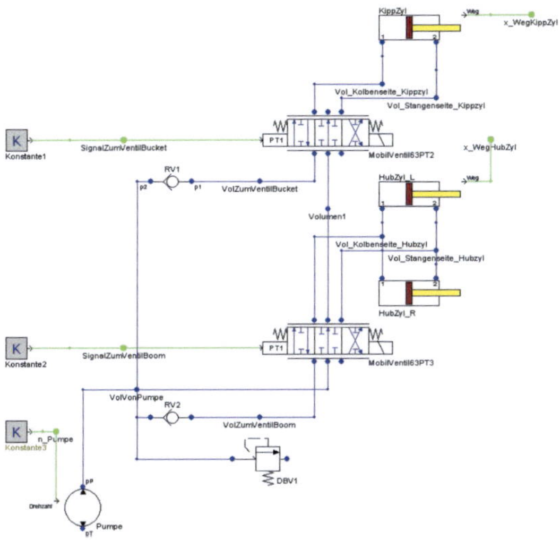

Abbildung 5.20: Gesamtmodell des Radladers in DSHplus

Für die Zylinder müssen Ersatzmassen berechnet werden, da sich die auf die Hydraulik wirkende Masse aufgrund der Änderung des Hebelarms beim Heben und Senken ständig ändert. Eine Möglichkeit für die Ermittlung der Ersatzmasse ist das Freischneiden des Hubgerüsts. Dabei ist der Winkel zu wählen, bei dem die Zylinderkräfte maximal werden. Eine andere Möglichkeit ermittelt die Ersatzmassen anhand des Druckverlaufs beim Heben der Schaufel. Dieser Druckverlauf wurde durch eine Co-Simulation ermittelt, die mit einem Kommunikationsintervall von 0,1 ms durchgeführt wurde. Dies ist ein Standardwert, mit dem einfache Co-Simulationen lauffähig sind. Somit ergibt sich für jeden Hubzylinder eine Ersatzmasse von ca. 5 t, für den Kippzylinder ergibt sich eine Ersatzmasse von ca. 3,8 t.

Der zentrale Hydraulikknoten nach der Pumpe hat ein Volumen von 3 l. Die beiden weiteren Hydraulikknoten in den Zuleitungen zu den Kolbenseiten der jeweiligen Zylinder haben in Summe jeweils 4 l Ölvolumen. Es wird hier nur das Öl auf der Kolbenseite betrachtet, da hier aufgrund der Größe der Kolben (130 mm Kolbendurchmesser bei den Hubzylindern, 150 mm Durchmesser beim Kippzylinder) die größten Frequenzen beim Betrieb auf der Kolbenseite vermutet werden, also beim Ausfahren der Hydraulikzylinder. Als Öl wird ein HLP 46 verwendet, welches einen Ersatzkompressionsmodul von 14.851,2 bar besitzt. Die Pumpe wird mit einer Drehzahl von 2400 U/min betrieben.

Im Anschluss an die Simulation wird eine Eigenwertanalyse durchgeführt. Das Ergebnis der Eigenwertanalyse zeigt **Abbildung 5.21**. Auf der linken Seite sind in der komplexen Ebene die Eigenwerte dargestellt, welche zusätzlich auf der rechten Seite tabellarisch aufgelistet werden. Unterhalb der Darstellung der komplexen Ebene befindet sich ein Schieber, mit dem zwischen einzelnen Zeitpunkten während der Simulation gewechselt und dadurch die unterschiedlichen Eigenwerte an den verschiedenen Zeitpunkten untersucht werden kann. Die in der Tabelle rot markierte Zeile stellt den maximalen Eigenwert (siehe Spalte „Omega“) für diese Simulation dar. Dabei sollte darauf geachtet werden, dass nur die „Omega“ betrachtet werden, die ein imaginäres Polpaar besitzen. Für die Simulation ergibt sich somit ein Eigenwert von 138,18 1/s, woraus sich eine Frequenz von 21,98 Hz berechnen lässt. Der Kehrwert dieser Frequenz berechnet sich zu 45 ms. Dies führt zu einem Kommunikationsintervall von 4 ms.

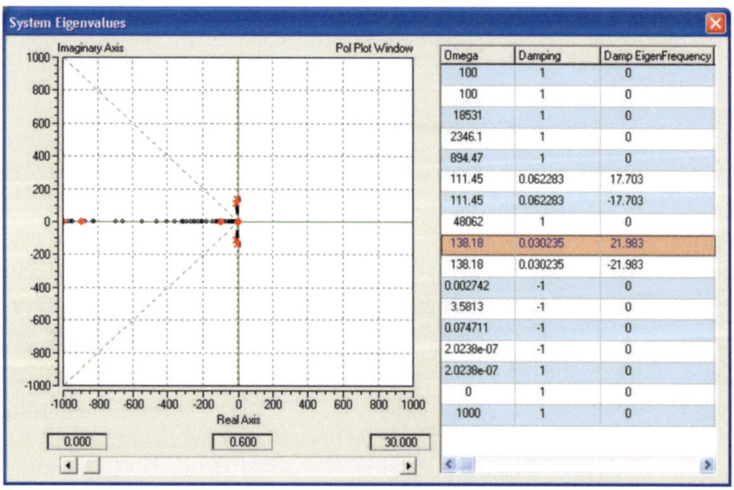

Abbildung 5.21: Ergebnis der Eigenwertanalyse des Radladermodells

Mit diesem Kommunikationsintervall wird die Co-Simulation unter Simulink durchgeführt. Das Ergebnis dieses Simulationslaufs in Form der Verfahrwege des Kippzylinders und der Hubzylinder zeigt **Abbildung 5.22**. In blau ist der Verfahrweg des rechten Hubzylinders, in grün der Verfahrweg des Kippzylinders dargestellt. Der Verfahrweg des linken Hubzylinders ist identisch mit dem Verfahrweg des rechten Hubzylinders, da beide parallel laufen. Dieser Verfahrweg wird daher nicht explizit dargestellt.

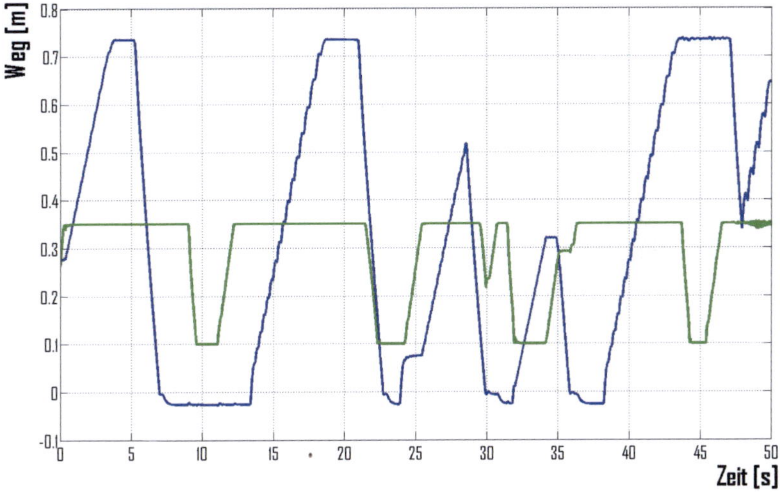

Abbildung 5.22: Verfahrwege der Hubzylinder und des Kippzylinders bei 4 ms Kommunikationsintervall

Zu Beginn der Simulation werden sowohl der Kipp- als auch die Hubzylinder ausgefahren. Anschließend werden zunächst die Hubzylinder sowie der Kippzylinder nacheinander ein- und wieder ausgefahren. Es folgen noch parallele Betätigungen der einzelnen Zylinder. Das Modell folgt den Vorgaben durch den Anwender. Es liefert plausible Ergebnisse, auch im Hinblick auf die Einfahrzeiten. Aufgrund ziehender Lasten und fehlender Senk-Brems-Ventile fahren die Zylinder schneller ein, als dies durch den Volumenstrom eigentlich möglich wäre. Dadurch tritt Kavitation in der jeweiligen Zuleitung zum Zylinder auf.

Die Simulation wird nun mit einem Kommunikationsintervall von 5 ms durchgeführt. Dabei werden wiederum zu Beginn sowohl die Hub- als auch der Kippzylinder ausgefahren. **Abbildung 5.23** zeigt das Ergebnis der Simulation. Die Simulation zeigt bereits Unstetigkeiten im Verlauf des Hubzylinders nach ca. 2 s. Dennoch bricht sie an dieser Stelle noch nicht ab. Das Einfahren der Zylinder stabilisiert kurzzeitig die Simulation. Jedoch ergeben sich Unstimmigkeiten beim parallelen Ausfahren des Hub-

und des Kippzylinders. Schließlich beginnt das System sich nach ca. 30 s aufzuschwingen. Die Simulation liefert somit keine plausiblen Ergebnisse.

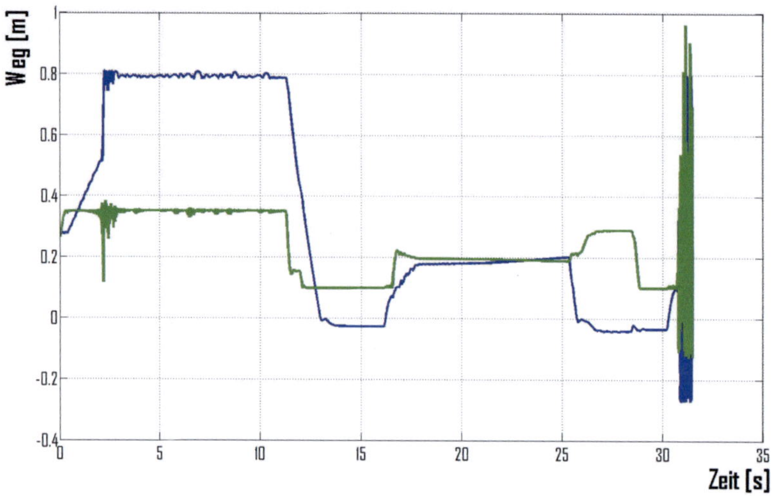

Abbildung 5.23: Verfahrwege der Hubzylinder und des Kippzylinders bei 5 ms Kommunikationsintervall

Somit kann auch am Beispiel des Radladers gezeigt werden, das der gewählte Ansatz zur Bestimmung des Kommunikationsintervalls bei der gekoppelten Simulation Ziel führend zu sein scheint. Der Ansatz wird daher an einem dritten Beispiel, einer hydropneumatischen Traktorvorderachsfederung, erneut untersucht.

5.4 Überprüfung der Methodik am Beispiel einer hydropneumatischen Traktorvorderachsfederung

Die hydropneumatische Traktorvorderachsfederung, nachfolgend als Vorderachsfederung bezeichnet, dient im Projekt GUSMA, welches in **Unterkapitel 1.3 Motivation** vorgestellt wurde, als Beispiel, an dem die gekoppelte unternehmensübergreifende Simulation durchgeführt wird. Das Simulationsmodell, welches nachfolgend untersucht wird, ist im Zuge des Projekts GUSMA in Zusammenarbeit mit dem Projektarbeitskreis erstellt worden. Zum Arbeitskreis zählen die Firmen AGCO Fendt GmbH, Hydac System GmbH, SIMPACK AG, LMS Deutschland GmbH sowie die Fluidon GmbH. Das aufgebaute Modell beinhaltet nicht nur die Vorderachsfederung, sondern auch den Prüfstand, mit dem die Vorderachsfederung untersucht werden kann. Die Messergebnisse dienen im Projekt der Validierung der Simulationsmodelle. Auf den

Prüfstand wird zu einem späteren Zeitpunkt bei der Beschreibung des mechanischen Modells eingegangen. Zunächst wird die Vorderachsfederung beschrieben.

In **Abbildung 5.24** ist nach /W11/ das Prinzip der hydropneumatischen Traktorvorderachsfederung dargestellt. An einer Rahmenkonstruktion (1) ist die Federschwinge (2) angekoppelt, die eine Federung der Vorderachse ermöglicht. Die Pendelachse (3) lässt eine Pendelbewegung der Vorderachse zu. Die Federwirkung der Vorderräder wird durch zwei Hydraulikzylinder (4) ermöglicht. Diese sind jeweils an zwei Hydrospeicher (5) angeschlossen, so dass zwischen Zylinder und Hydrospeicher ein Ölaustausch stattfinden kann. Die Federwirkung wird erzielt, indem der Federungszylinder Öl in den Hydrospeicher verdrängt und dadurch das Gasvolumen komprimiert (Gasfeder). Die Dämpfung der Federung ergibt sich beim Fließen des Öls durch die Rohrleitung bzw. beim Fließen über eingebaute Blenden.

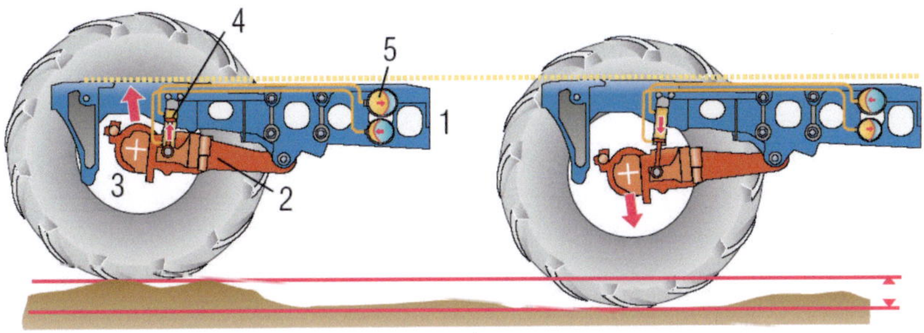

Abbildung 5.24: Detaildarstellung der Vorderachsfederung /W11/

Aufgrund des Aufbaus und der Funktionsweise der hydropneumatischen Traktorvorderachsfederung lässt sich ohne großen Aufwand eine Niveauregelung integrieren, die die Federung an unterschiedliche Ballastierungszustände anpasst. Für die Niveauregelung der Traktorvorderachse wird der Winkel der Federschwinge erfasst und über Variation der kolbenseitigen Ölmenge die Lage der Traktorvorderachse geregelt. Der ringseitige Druck bleibt hierbei konstant. Die Niveauregelung selbst ist als passive Regelung ausgelegt. Es werden Niveauunterschiede ausgeregelt, die länger als 3 s auftreten. Schnelle Lageänderungen der Traktorvorderachse werden nicht berücksichtigt.

Die Vorderachsfederung stellt ein mechatronisches System dar. Sie besteht aus den beschriebenen mechanischen Komponenten wie Rahmen, Federschwinge, Achse und Federungszylindern. Die eigentliche Federung wird durch die Hydraulikzylinder und Speicher realisiert. Hinzu kommt der Niveauregler, der wiederum eine hydraulische Druckversorgung für die Einregelung der Sollposition benötigt. Somit besteht die

Vorderachsfederung aus einem mechanischen und einem regelungstechnischen Teilmodell sowie zwei hydraulischen Teilmodellen. Diese Teilmodelle wurden im Projekt GUSMA durch unterschiedliche Firmen erstellt, um die Möglichkeit der unternehmensübergreifenden Zusammenarbeit zu demonstrieren. Das mechanische und das regelungstechnische Teilmodell wurden von der Firma AGCO Fendt GmbH als Hersteller von Traktoren erstellt. Der hydraulische Steuerblock für die hydropneumatische Vorderachsfederung mit den Speichern wird als Hardware von der Firma Hydac System GmbH geliefert. Aus diesem Grund erstellte die Firma Hydac System GmbH auch das hydraulische Teilmodell der hydropneumatischen Traktorvorderachsfederung. Die hydraulische Druckversorgung wurde von der Firma Fluidon GmbH modelliert. Die einzelnen Teilmodelle werden nachfolgend kurz beschrieben.

5.4.1 Hydraulisches Teilmodell des Steuerblocks der Vorderachsfederung

Das zentrale Element der hydropneumatischen Traktorvorderachsfederung ist der Steuerblock. Das Modell dieses Steuerblocks ist in AMESim aufgebaut und in nachfolgender **Abbildung 5.25** zu sehen. Die Federungszylinder (1) sind über Leitungen mit dem kolbenseitigen Speicher (2) und den ringseitigen Speichern (3) verbunden. Stellt der Niveauregler eine Differenz zwischen Soll- und Istposition fest, wird zunächst das 3/2-Propotional-Wegeventil (4) aktiviert. Es sorgt dafür, dass die im Traktor verbaute Load-Sensing-Pumpe (LS-Pumpe) kurz geschlossen wird und einen Druck aufbaut. Beim Ausheben der Traktorvorderachsfederung wird ein weiteres 3/2-Propotional-Wegeventil (5) angesteuert. Durch dessen Aktivierung wird Öl auf die Kolbenseite der Federungszylinder gepumpt und dadurch das Fahrzeug ausgefedert. Gleichzeitig muss der Druckregler (6) den Druck auf der Ringseite der Federungszylinder sowohl beim Ein- als auch beim Ausfedern konstant halten.

Beim Einfedern wird ebenfalls das Wegeventil zur Ansteuerung der LS-Pumpe angesteuert. Gleichzeitig wird über den Druckregler das entsperrbare Rückschlagventil (7) geöffnet, um Öl auf der Kolbenseite abzulassen. Vervollständigt wird das hydraulische Teilmodell des Steuerblocks durch den Interface-Block (8), der die Verbindung zu Simulink herstellt. Als Systemausgangsgrößen werden die beiden Zylinderkräfte, der LS-Druck und der Systemdruck an Simulink übergeben. Demgegenüber übergibt Simulink die Wege und Geschwindigkeiten der Federungszylinder, den Volumenstrom der LS-Pumpe, die Ansteuersignale für die beiden Wegeventile sowie den Druckregelwert für den Druckregler.

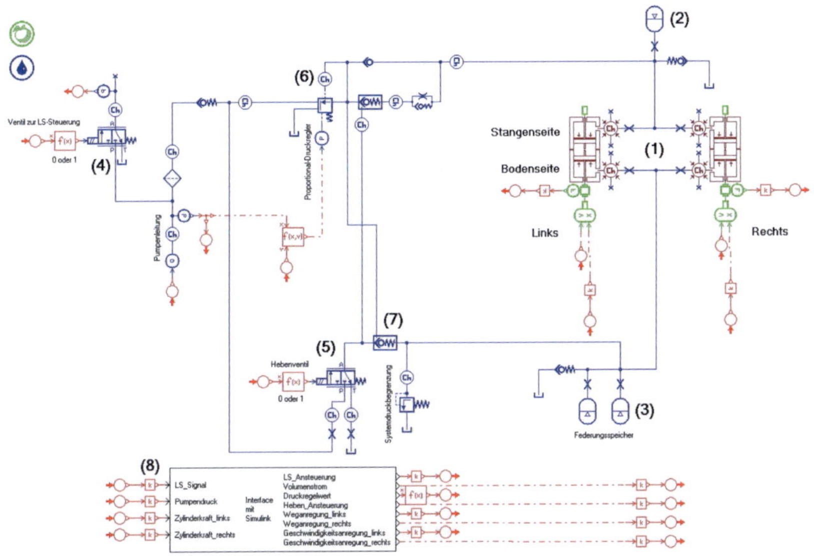

Abbildung 5.25: Teilmodell des hydraulischen Steuerblocks

5.4.2 Hydraulisches Teilmodell der Druckversorgung der Vorderachsfederung

Das Teilmodell der hydraulischen Druckversorgung ist in DSHplus aufgebaut und bildet die Funktion einer Load-Sensing-Pumpe (LS-Pumpe) ab, wie sie in Traktoren verbaut ist. Dabei wird nicht der Pumpenregler bis ins Detail nachmodelliert, sondern die LS-Regelung über Signalbausteine realisiert. Das Modell besteht aus einer verstellbaren Hydraulikpumpe, deren Schwenkwinkel über einen Regler vorgegeben wird, der aus Signalblöcken besteht. Das Stellsignal für den Schwenkwinkel wird aus der Differenz des Systemdrucks und des LS-Drucks mit Hilfe eines PT1-Gliedes erzeugt. Als Systemeingangsgrößen ergeben sich der Systemdruck, der LS-Druck sowie die Drehzahl der Pumpe. Der erzeugte Volumenstrom wird als Signalwert ausgegeben. Ebenso wird das Stellsignal der Pumpe nach Simulink übertragen. Der Volumenstrom und das Stellsignal bilden die Systemausgangsgrößen.

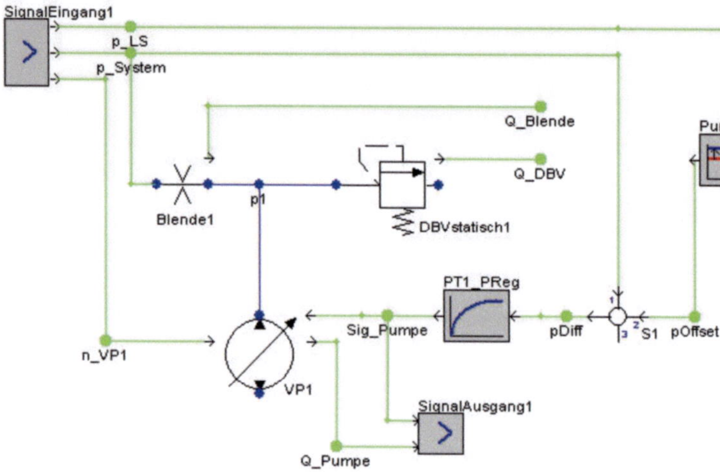

Abbildung 5.26: Teilmodell der hydraulischen Druckversorgung

5.4.3 Mechanisches Teilmodell der Vorderachsfederung

Das mechanische Teilmodell der hydropneumatischen Vorderachsfederung ist in SIMPACK erstellt. Es besteht aus den bereits oben beschriebenen Komponenten und ist in **Abbildung 5.27** dargestellt. Dabei ist neben der Vorderachsfederung auch der für das Projekt GUSMA aufgebaute Prüfstand zur Untersuchung der Vorderachsfederung zu sehen. Der vordere Halbrahmen (grau) ist an seiner Rückseite fest mit dem Aufspannwinkel (blaugrau) des Prüfstands verbunden. Der Rahmen bildet das Bezugssystem für die restlichen Komponenten der Vorderachsfederung.

Die Federschwinge (gelb) ist über ein Drehgelenk mit dem Rahmen verbunden. In der Schwinge ist die Traktorvorderachse (silbergrau) pendelnd gelagert. Die Schwinge stützt sich über die Federungszylinder (grün) gegen den Halbrahmen ab. Zusätzlich sind weitere Hydraulikzylinder in das Modell integriert. Sie repräsentieren die am Prüfstand verbauten Pulszylinder (gelb/dunkelrot). Mit Hilfe dieser Pulszylinder kann die Vorderachsfederung angeregt werden. Dabei sind sowohl eine Positions- als auch eine Kraftanregung möglich. Die Pulszylinder greifen außen an der Traktorvorderachse an, wo normalerweise die Räder angebracht sind. Die Pulszylinder selbst hängen in Portalen und sind über diese mit der Prüffeldplatte (blaugrau) verbunden, auf der der gesamte Aufbau platziert ist.

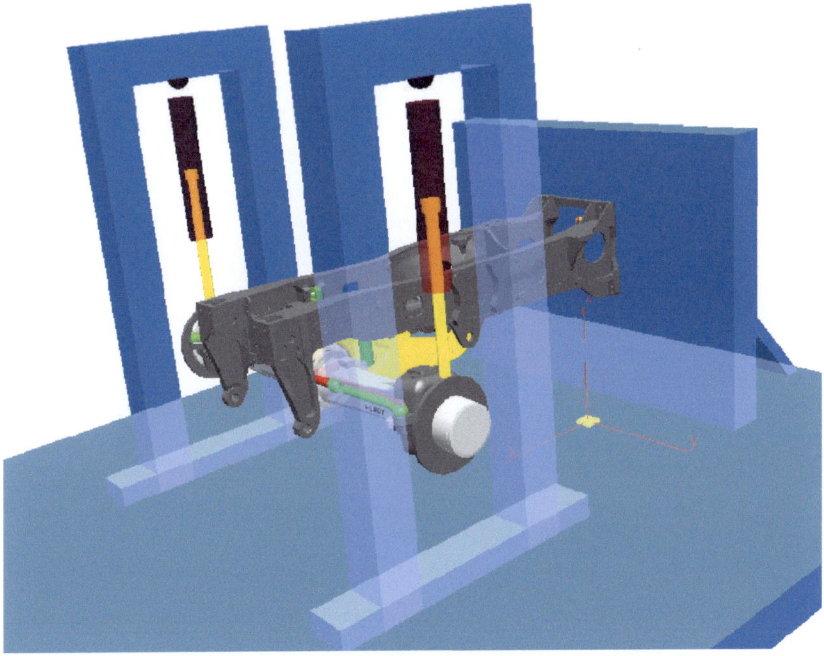

Abbildung 5.27: Mechanisches Teilmodell der Vorderachsfederung

Als Systemausgangsgrößen werden die Wege und Geschwindigkeiten der Federungszylinder sowie der Winkel bzw. die Position der Federschwinge an Simulink übergeben. Als Systemeingangsgrößen werden die Kräfte von Simulink an SIMPACK übergeben. Das Signal für die Anregung der Pulszylinder wird in SIMPACK direkt erzeugt. Dabei kann nicht nur, wie bereits beschrieben, zwischen einer Kraft- oder Weganregung gewählt werden. Bei der Weganregung kann darüber hinaus ausgewählt werden, ob ein synthetisches Signal (Sinus, Dreieck, Rechteck) oder ein gemessenes Signal für die Simulation verwendet werden soll.

5.4.4 Das regelungstechnische Teilmodell der Vorderachsfederung

Der hydropneumatischen Traktorvorderachsfederung ist ein Niveauregler überlagert, der eine Auslenkung aus der Sollposition ausregelt, sofern diese mindestens 3 s anliegt. Dadurch werden unterschiedliche Ballastierungszustände am Traktor ausgeglichen. Somit steht bei jedem Einsatz der volle Federungsweg zur Verfügung. Das Teilmodell des Niveaureglers ist in Simulink erstellt und in **Abbildung 5.28** dargestellt. Nachfolgend wird kurz auf die Funktion des Niveaureglers eingegangen. Es wird jedoch nicht jedes Detail erläutert.

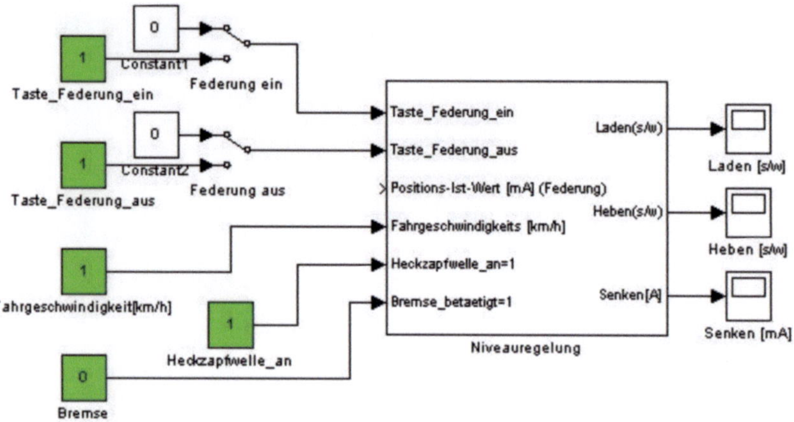

Abbildung 5.28: Regelungstechnisches Teilmodell des Niveaureglers der Vorderachsfederung

Der Niveauregler besitzt sechs Systemeingangsgrößen. Es werden die Signale zweier Taster (in Abbildung 5.28 als „Switch" dargestellt), die Istposition der Federungsschwinge, die aktuelle Fahrgeschwindigkeit, der Betriebszustand der Heckzapfwelle sowie der Betriebszustand der Bremse an den Regler übergeben. Systemausgangsgrößen des Reglers sind die Stellsignale für die Wegeventile und der Druckregelwert für das Druckregelventil im hydraulischen Steuerblock.

Über die beiden Taster (Switch) kann die Niveauregelung der Vorderachsfederung aktiviert oder deaktiviert werden. Dafür muss der Taster kurz gedrückt und wieder losgelassen werden. Bei einer Differenz der Soll- zur Istposition werden die entsprechenden Ventile angesteuert und die Traktorvorderachse innerhalb eines hinterlegten Toleranzbandes auf Sollposition gebracht. Hierfür benötigt der Niveauregler die Istposition der Federschwinge. Wird ein Taster länger gedrückt gehalten, kann je nach Taster die Traktorvorderachse manuell aus- oder eingefahren werden.

Neben den Anwendervorgaben mittels der Taster wird zusätzlich der Betriebszustand des Traktors überwacht. Die Niveauregelung ist nur dann aktiv, wenn der Traktor schneller als 2,5 km/h fährt, sofern die Heckzapfwelle deaktiviert ist. Unterhalb dieser Geschwindigkeit ist die Niveauregelung inaktiv. Bei eingeschalteter Heckzapfwelle sinkt die Grenzgeschwindigkeit für das Abschalten der Niveauregelung auf 0,5 km/h.

Darüber hinaus wird überwacht, ob die Bremse aktiv ist. Dadurch wird verhindert, dass das System das Fahrzeug absenkt, während das Fahrzeug gebremst wird. Ansonsten überlagern sich diese beiden Bewegungen.

5.4.5 Gesamtsimulationsmodell der Vorderachsfederung mit Simulationsergebnissen

Alle beschriebenen Teilmodelle werden unter Simulink zu einem Gesamtmodell der hydropneumatischen Traktorvorderachsfederung gekoppelt. Das Gesamtmodell besteht somit aus vier Teilmodellen, die in vier unterschiedlichen Simulationsprogrammen erstellt wurden. **Abbildung 5.29** zeigt das Gesamtmodell. Der grüne Block repräsentiert dabei das in SIMPACK erstellte Mechanikmodell. In hellblau ist das in AMESim erstellte hydraulische Teilmodell des Steuerblocks abgebildet. Das DSHplus-Modell der hydraulischen Druckversorgung ist in dunkelblau dargstellt und der Niveauregler in pink. Das Gesamtmodell wird durch Visualisierungselemente, einer Drehzahlvorgabe für die Pumpe sowie die Eingangsgrößen für den Niveauregler vervollständigt.

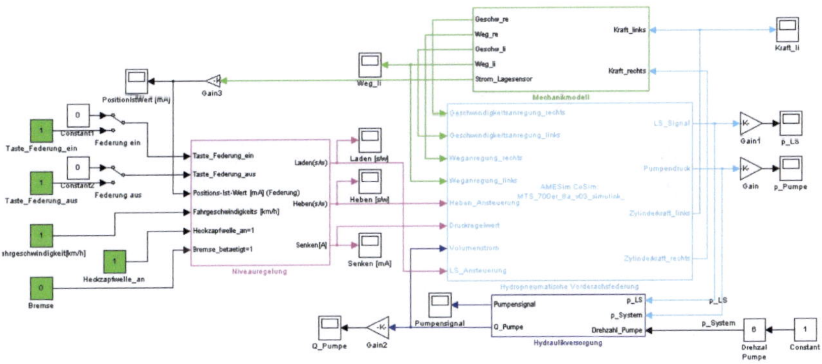

Abbildung 5.29: Gesamtsimulationsmodell der Traktorvorderachsfederung

Für die Simulation dieses Modells muss nun eine Frequenzuntersuchung durchgeführt werden. Dabei sind sowohl die Anregungsfrequenzen als auch die Eigenfrequenzen zu berücksichtigen.

Die hydropneumatische Traktorvorderachsfederung wird am Prüfstand entweder über synthetische Vorgaben oder über gemessene Wegprofile angeregt. Die synthetischen Vorgaben sind Sinus-Anregungen im Bereich von 0,5 Hz bis 2,5 Hz, einer Amplitude von 20 mm und einem Offset aus der Ruhelage von maximal 25 mm sowohl in positiver als auch negativer Federrichtung. Die Frequenzen können bei reduzierter Amplitude auf maximal 5 Hz ansteigen. Die Frequenz des synthetischen Signals ist somit bekannt.

Neben den synthetischen Vorgaben können auch gemessene Wegprofile wie das in Abbildung 4.11 dargestellte Wegprofil auf die Anlage als Sollwert gegeben werden. Im Projekt GUSMA werden zwei Wegprofile verwendet, das bereits erwähnte Wegprofil einer Feldwegfahrt sowie das Wegprofil einer Fahrt über eine nach ISO 5008 genormte Prüfbahn. Diese beiden Wegprofile werden mit einer FFT-Analyse untersucht. Die FFT-Analyse ergibt bei beiden Wegprofilen Anregungsfrequenzen, die unterhalb von 10 Hz liegen. Beispielhaft ist in **Abbildung 5.30** das Ergebnis der FFT-Analyse der Prüfbahnfahrt dargestellt.

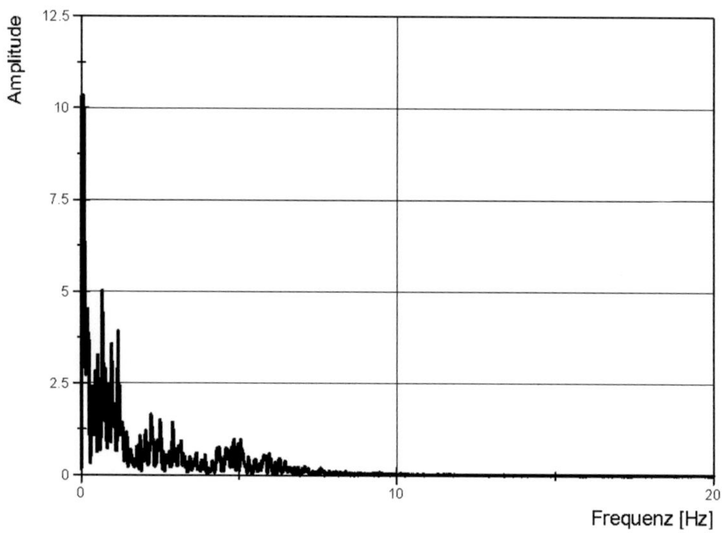

Abbildung 5.30: FFT-Analyse des Wegprofils einer Prüfbahnfahrt nach ISO 5008

Nach der Ermittlung der Anregungsfrequenzen werden die Eigenwerte des Systems untersucht. Hierfür wird ein Modell benötigt, welches sowohl die mechanischen als auch die hydraulischen Komponenten sowie die Regelung beinhaltet. Ein solches Modell wurde von der Firma Hydac System GmbH aufgebaut, um ihr eigenes Modell des Steuerblocks auf Funktionsfähigkeit zu untersuchen. Das in AMESim erstellte Modell besitzt neben den Komponenten des Steuerblocks eine hydraulische Druckversorgung, einen über Signalbausteine aufgebauten Algorithmus für die Niveauregelung sowie die mechanischen Komponenten der Vorderachsfederung.

Grundsätzlich ist auch in SIMPACK eine Untersuchung der Eigenwerte des Systems möglich. Allerdings ist der Aufwand einer Implementierung der Hydraulik in SIMPACK im Vergleich zu einer Implementierung der Mechanik in AMESim höher. Es kann jedoch anstelle eines Gesamtsystems auch nur das mechanische Teilmodell untersucht werden. Dies wurde für das Modell der hydropneumatischen Traktorvorderachsfederung gemacht. Für die Ermittlung wird allerdings das System linearisiert und es werden Zwangsbedingungen wie die Weganregung aufgelöst. Dadurch werden Eigenwerte und auch Eigenvektoren ermittelt, die im Gesamtsystem aufgrund der Modellierung bzw. der Anregung des Gesamtsystems nicht auftreten können. Die Anregung erfolgt nur in vertikaler Richtung. Anregungen von der Seite oder Anregungen in Richtung der Fahrzeuglängsachse treten in diesem Modell nicht auf. Es werden jedoch alle Eigenwerte berechnet, was es dem Anwender sehr schwer macht, die jeweiligen Frequenzanteile den einzelnen Bewegungen zuzuorden. Hinzu kommt, dass diese zum Teil bis zum Faktor 20 größer sind als die nachfolgend in AMESim ermittelten Frequenzen, was zu einem zu kleinen Kommunikationsintervall führen würde, als es tatsächlich für die Simulation notwendig wäre. Daher wurde die Untersuchung der Eigenwerte in AMESim durchgeführt.

Abbildung 5.31 zeigt das Gesamtmodell der Vorderachsfederung in AMESim. Mit Hilfe dieses Modells werden die Eigenwerte des Systems während der Simulation ermittelt. Die Simulation selbst verläuft in verschiedenen Phasen, um die Funktionsfähigkeit des Modells zu untersuchen. Der Simulationsablauf wird zunächst beschrieben.

Für die Simulation wird von einer nicht befüllten Vorderachsfederung ausgegangen. Aus diesem Grund sinkt zu Beginn der Simulation die Vorderachse aufgrund ihres Eigengewichtes in ihren Endanschlag. Mit Hilfe der Niveauregelung wird die Traktorvorderachse an den oberen Rand des Toleranzbandes der Mittellage gebracht. Anschließend werden im Wechsel die Grenzen des Toleranzbandes angefahren. Ausgehend von der oberen Toleranzbandgrenze beginnt ein so genannter Sweep, ein Sinus mit sich ändernder Frequenz, mit einer Frequenz zwischen 0,5 Hz und 2,5 Hz sowie einer Amplitude zwischen 38 mm und 50 mm. Bei ca. 210 s wird ein Offset zunächst von 25 mm in ausfedernder Richtung und anschließend der gleiche Offsetbetrag in einfedernder Richtung aufgeprägt. Es folgen stochastische Anregungen mit einer Amplitude von bis zu 84 mm. Abschließend werden im Wechsel noch einmal die Toleranzgrenzen angefahren. Das Ergebnis der Simulation zeigt **Abbildung 5.32**. Über der Zeit ist der Weg eines Federungszylinders aufgetragen.

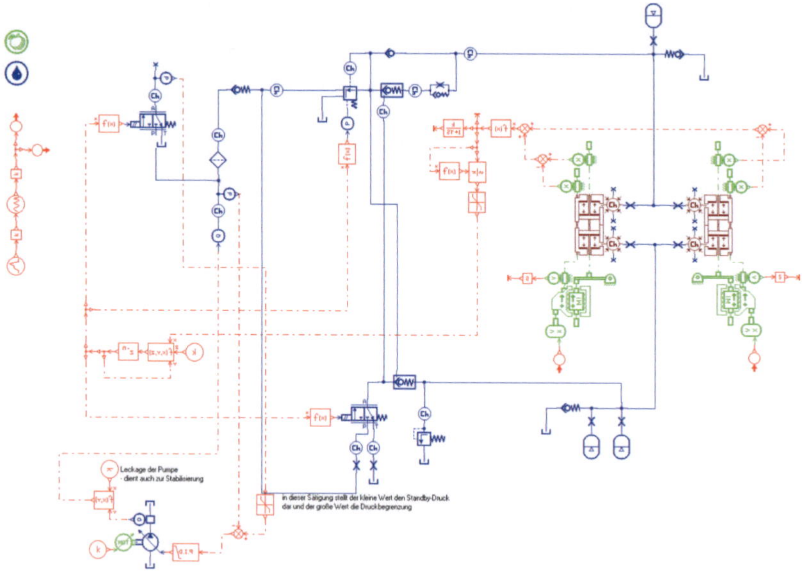

Abbildung 5.31: Gesamtmodell der hydropneumatischen Traktorvorderachsfederung in AMESim

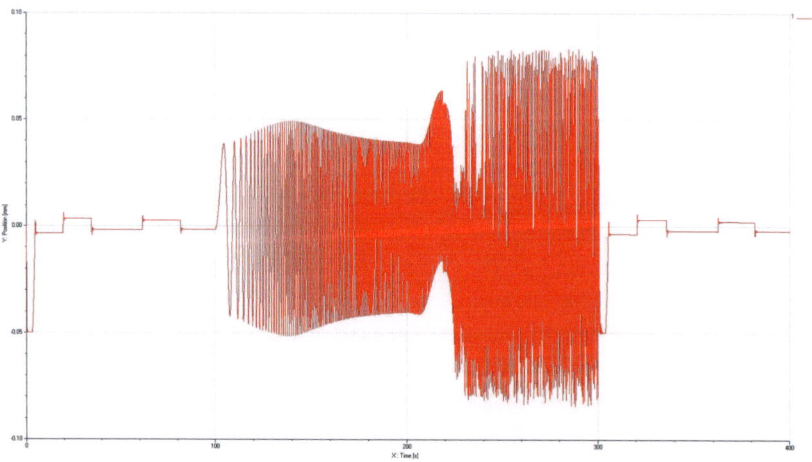

Abbildung 5.32: Simulationsergebnis des Gesamtsimulationsmodells

Für die Ermittlung der Eigenwerte stellt AMESim ein Analysewerkzeug (Linear Analysis – Eigenvalues) zur Verfügung. Zur Nutzung dieses Analysewerkzeugs muss der Anwender vor Beginn der Simulation Linearisierungszeitpunkte festlegen. Zu diesen Zeitpunkten wird das Gesamtsystem linearisiert und die Eigenwerte werden berechnet. Das Ergebnis kann der Anwender entweder tabellarisch wie in **Abbildung 5.33** oder als Plot in der komplexen Zahlenebene einsehen. Die Tabelle in Abbildung 5.33 ist auf die wesentlichen Ergebnisse gekürzt. Es werden deutlich mehr Werte angezeigt. Der Anwender muss unter all diesen Werten die Eigenwerte herausfiltern. Dabei kann er sich an den Imaginärteilen der einzelnen Ergebnisse orientieren. Besitzt ein Ergebnis keinen Imaginärteil, handelt es sich nicht um eine Eigenfrequenz.

Die Eigenfrequenzen werden in der ersten Spalte der Tabelle aufgeführt. Die höchste im Modell auftretende Eigenfrequenz beträgt 50 Hz. Dies führt zu einer Zeitschrittweite von 20 ms, was wiederum ein Kommunikationsintervall von 2 ms ergibt. Die gekoppelte Simulation der hydropneumatischen Traktorvorderachsfederung wird somit mit einem Kommunikationsintervall von 2 ms durchgeführt. Die Federung ist zu Beginn der Simulation nicht mit Öl befüllt. Daher sinkt zu Beginn der Simulation die Vorderachse aufgrund des Eigengewichtes in den oberen Endanschlag, was in **Abbildung 5.34** in Form des Federungszylinderweges über der Zeit dargestellt ist. Im unteren Endanschlag wird die Niveauregelung über den Taster „Federung ein“ aktiviert. Die Vorderachse wird durch die Hydraulik in Mittellage gebracht. Sie erreicht allerdings nicht exakt die Mittellage bei 0 mm, da sich der Niveauregler nach dem Erreichen des Toleranzbandes um die Mittellage deaktiviert.

Im Anschluss wird die Vorderachsfederung manuell ausgefahren. Hierfür muss der Taster „Federung ein“ dauerhaft gedrückt gehalten werden. Nach 3 s erkennt die Regelung, dass der Anwender die Vorderachsfederung manuell ausfahren möchte und aktiviert die entsprechenden Wegeventile. Nach dem Erreichen des unteren Endanschlags wird die Niveauregelung reaktiviert. Die Traktorvorderachse kehrt in die Mittellage zurück. Des Weiteren sinkt die Achse nach dem Abschalten der Niveauregelung über den Taster „Federung aus“ erneut in den oberen Endanschlag und kehrt nach dem Wiedereinschalten der Niveauregelung in die Mittellage zurück.

Das Modell verhält sich grundsätzlich erwartungsgemäß. Allerdings sind die Reaktionszeiten der Regelung länger als erwartet. Dies hängt damit zusammen, dass der Niveauregler intern auf 1 ms getaktet ist und dadurch eine Verzögerung bei den Reaktionszeiten des Reglers auftritt, wenn nur alle 2 ms ein neuer Wert geliefert wird. Das heißt also, dass das Kommunikationsintervall für diese Simulation sich an der Taktzeit des Niveaureglers von 1 ms orientieren sollte, da in diesem System dies der kleinste Zeitschritt ist.

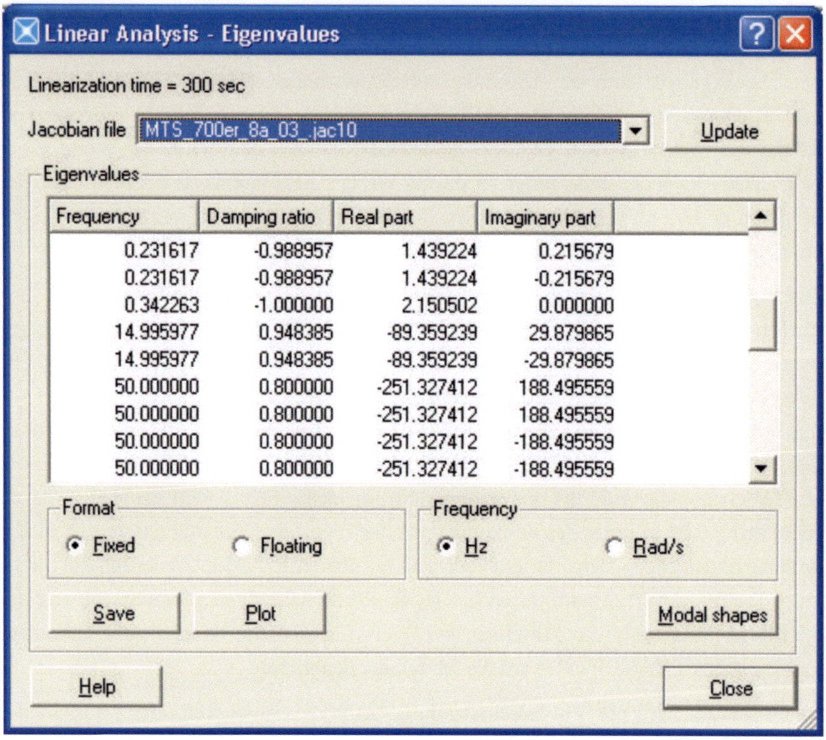

Abbildung 5.33: Ergebnis der Eigenwertberechnung aus AMESim

In **Abbildung 5.35** wird das Simulationsergebnis der Simulation gezeigt, die mit einem Kommunikationsintervall von 3 ms gerechnet wurde. Zu Beginn folgt das System noch den Vorgaben des Anwenders, wobei im direkten Vergleich mit Abbildung 5.34 zu erkennen ist, dass sich die Reaktionszeiten des Systems verlängern. Im unteren Endanschlag beginnt dann das System zu schwingen und lässt sich sowohl manuell als auch durch den Niveauregler nicht mehr stabilisieren. Die Simulation wurde daher abgebrochen.

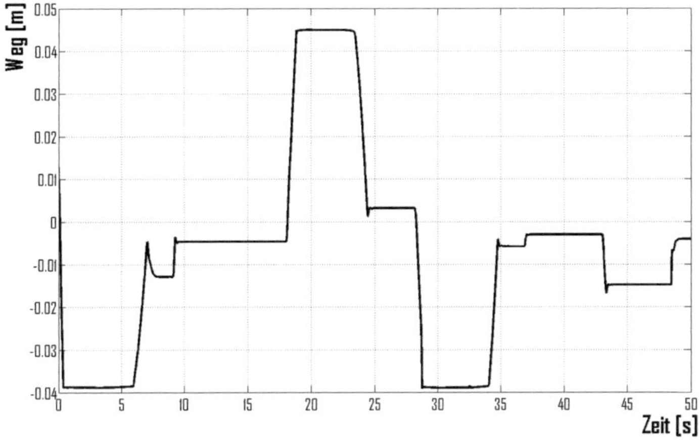

Abbildung 5.34: Simulationsergebnis der Vorderachsfederung mit 2 ms Kommunikationsintervall

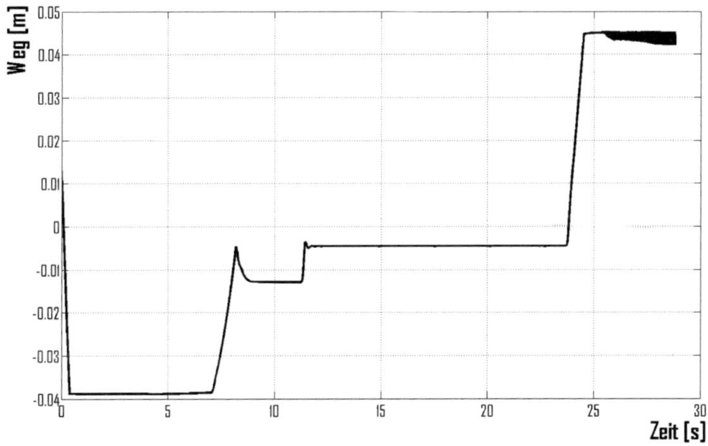

Abbildung 5.35: Simulationsergebnis der Vorderachsfederung mit 3 ms Kommunikationsintervall

Zusammenfassend für die drei beschriebenen Beispiele lässt sich somit sagen, dass mit dem gewählten Ansatz ein Kommunikationsintervall für die gekoppelte Simulation bestimmt werden kann. Der Anwender muss hierzu das System hinsichtlich der Frequenzen untersuchen. Dabei können sowohl Anregungsfrequenzen, Eigenfrequenzen oder, wie das letzte Beispiel gezeigt hat, Taktzeiten von Teilmodellen maßgeblich für das Kommunikationsintervall sein.

Aus der höchsten im System ermittelten Frequenz wird zunächst ein Zeitschritt durch Kehrwertbildung ermittelt. Ein Zehntel dieses Kehrwerts ergibt dann das für die gekoppelte Simulation zu verwendende Kommunikationsintervall. Abtastfrequenzen von Regelungselementen bzw. deren Taktzeiten müssen dabei ebenso berücksichtigt.

$$h = \frac{T_{klein}}{10}$$

6 Zusammenfassung und Ausblick

Die Simulation ist heutzutage ein anerkanntes Hilfsmittel bei der Neu- und Weiterentwicklung von Produkten. Verschiedene in dieser Arbeit vorgestellte Methoden bzw. Simulationsprogramme ermöglichen die Abbildung und Berechnung mechatronischer Systeme in der Simulation. Die Simulation ermöglicht dabei eine detaillierte Analyse von Systemen. Mit ihrer Hilfe lassen sich Varianten eines Produkts, einer Maschine oder eines Fahrzeugs untersuchen, ohne zunächst Prototypen zu bauen und zu testen. Aus diesem Grund reduziert der Einsatz der Simulation Entwicklungszeit und Entwicklungskosten.

Für die Simulation mechatronischer Systeme wurde in dieser Arbeit die Methode der Co-Simulation gewählt. Die Co-Simulation ermöglicht den Einsatz spezialisierter Simulationsprogramme bei der Teilmodellerstellung, das parallele Arbeiten mehrerer Entwickler an einem Gesamtsimulationsmodell („Simultaneous Engineering“) und die abteilungs- oder unternehmensübergreifende Zusammenarbeit, sofern Teilmodelle ausgetauscht werden. Darüber hinaus können einzelne Teilmodelle durch reale Bauteile ersetzt und somit eine Hardware-in-the-Loop-Simulation (HIL-Simulationen) durchgeführt werden.

Die Grundlagen der Co-Simulation wurden allgemein beschrieben. Im Speziellen wurden Co-Simulationen mit MATLAB/Simulink als Master untersucht, da MATLAB /Simulink in der Industrie weit verbreitet ist, was die Beispiele in **Unterkapitel 3.6 Beispiele für Co-Simulationen** zeigen und viele Simulationsprogramme einen Export nach MATLAB/Simulink anbieten. Dabei wurden die Gemeinsamkeiten und Unterschiede zwischen den einzelnen Simulationsprogrammen bei der Co-Simulation erläutert.

Die Kopplung bei der Co-Simulation erfolgt durch Austausch von Zustandsgrößen der einzelnen Teilmodelle. Der Zeitpunkt zum Austausch der Zustandsgrößen wird vom Simulationsmaster vorgegeben und als Kommunikationsintervall bezeichnet. Entgegen anderer Programme, die in **Unterkapitel 1.2 Plattformen für die Co-Simulation** vorgestellt wurden, ist eine automatische Anpassung des Kommunikationsintervalls unter Simulink nur in Sonderfällen möglich, die in **4.1 MATLAB/Simulink als Master bei der gekoppelten Simulation** vorgestellt wurden. Aus diesem Grund wurde für eine gekoppelte Simulation unter MATLAB/Simulink eine Methodik zur Bestimmung des Kommunikationsintervalls erarbeitet.

Die Methodik orientiert sich an den Grundlagen der Numerik, im Speziellen an der Stabilität numerischer Lösungsverfahren, welche in **Unterkapitel 2.6.2 Stabilität numerischer Näherungsverfahren** vorgestellt wurden. Für die Bestimmung des Kommunikationsintervalls müssen zunächst die in einem System auftretenden Frequenzen bestimmt werden. Die Grundlagen zur Bestimmung der Frequenzen wurden in den **Unterkapiteln 4.3** bis **4.7** erläutert. Anhand der größten im System auftretenden Frequenz wird dann das Kommunikationsintervall bestimmt, indem der Kehrwert der Frequenz durch zehn dividiert wird. Allerdings sollten neben Erreger- und Eigenfrequenzen auch Abtastfrequenzen berücksichtig werden, wie sie beispielsweise bei Reglern auftreten.

Die Methodik wurde anhand von drei Beispielen in **Kapitel 5 Nachweis der Methodik zur Bestimmung des Kommunikationsintervalls** überprüft. Die Simulationen verliefen stabil, sofern das Kommunikationsintervall nach der Methodik bestimmt wurde. Allerdings steigt mit der Komplexität der zu simulierenden Systeme der Aufwand für die Bestimmung der Frequenzen im System. In dieser Arbeit wurden daher in den Simulationsprogrammen vorhandene Werkzeuge für die Bestimmung verwendet. Allerdings würde eine automatische Kommunikationsschrittweitensteuerung die Co-Simulation deutlich erleichtern.

Eine solche Kommunikationsschrittweitensteuerung müsste für die Co-Simulation mit Simulink als Master speziell entwickelt werden. Dabei könnte folgender Ansatz verfolgt werden: Es wird ein Algorithmus in MATLAB programmiert, der die Datenverwaltung der Simulation sowie die Steuerung der Schrittweite übernimmt. Das eigentliche Gesamtmodell wird unter Simulink als gekoppelte Simulation erstellt. Dieses Modell wird über den programmierten Algorithmus in MATLAB aufgerufen. Das Modell muss dann einen Zeitschritt rechnen. Für das Ergebnis dieser Berechnung wird entsprechend der heute zur Verfügung stehenden Schrittweitensteuerungen, welche im **Unterkapitel 2.7 Schrittweitensteuerung** vorgestellt wurden, der lokale Diskretisierungsfehlers ermittelt. Ist der lokale Diskretisierungsfehler kleiner als ein vorgegebener Grenzwert, wird der nächste Zeitschritt mit vergrößerter Schrittweite und den aktuellen Werten gerechnet. Ist der lokale Diskretisierungsfehler größer als der vorgegebene Grenzwert, muss der Rechenschritt erneut mit einer kleineren Schrittweite und den Werten aus dem letzten Rechenschritt wiederholt werden. Das Sichern der Simulationswerte aus den einzelnen Zeitschritten, die Ermittlung des lokalen Diskretisierungsfehlers sowie die Anpassung der Schrittweite muss im Algorithmus implementiert werden.

Neben der automatischen Kommunikationsschrittweitensteuerung sollte die Methodik zur Bestimmung des Kommunikationsintervalls auch an Beispielen aus der Elektrotechnik überprüft werden. Darüber hinaus sollten auch Systeme untersucht werden, die nicht nur aus konzentrierten Parametern bestehen. So könnte beispielweise ein elastischer Körper in die Mechaniksimulation integriert werden.

Es sollte auch das Thema Hardware-in-the-Loop (HIL) näher betrachtet werden. Dronka zeigt in /D5/ am Beispiel einer HIL-Simulation eines Personenzuges mit Neigetechnik das Potential der Co-Simulation im Hinblick auf die HIL-Simulation.

Literaturverzeichnis

/A1/ LMS Deutschland: AMESim and Simulink Interface Manual; AMESim Rev 8B, December 2008.

/A2/ LMS Deutschland: Integration Algorithms used in AMESim – Technical Bulletin n° 102; Rev 8B, December 2008.

/A3/ LMS Deutschland: Reference Manual Chapter 5.2: Setting Run Parameters; AMESim Rev 8B, December 2008.

/B1/ • Bartsch, H.-J.: Taschenbuch Mathematischer Formeln; 18. Auflage, Fachbuchverlag Leipzig im Carl-Hanser-Verlag, (1999), München.

/B2/ • Beater, P.: Entwurf hydraulischer Maschinen – Modellbildung, Stabilitätsanalyse und Simulation hydrostatischer Antriebe und Steuerungen; Springer-Verlag, (1999); VDI-Buch

/B3/ • Beitz, W. und K.-H. Grote: DUBBEL – Taschenbuch für den Maschinenbau, 19. Auflage; Springer Verlag, (1997), Berlin, Heidelberg, New York.

/B4/ Bernasch, J.; D. Watzenig und H. Stippel: Simulationswerkzeuge domänenübergreifend verknüpft; ATZoffhighway, (2010), Mai, S. 58-62.

/B5/ • Böhler, H.: Traktormodell zur Simulation der dynamischen Belastungen bei Transportfahrten; Fortschritt-Berichte VDI, Reihe 14 Landtechnik/Lebensmitteltechnik, Nr. 104, VDI Verlag, (2001), Düsseldorf.

/B6/ Böhler, H. und L. Völker: Gekoppelte unternehmensübergreifende Simulation mobiler Arbeitsmaschinen; Tagungsband Karlsruher Arbeitsgespräche 2010.

/B7/ • Brenan, K.E.; S.L. Campbell und L.R. Petzold: Numerical Solution of Initial-Value Problems in Differential-Algebraic Equations; Elsevier Science Publishing, (1989), New York.

/B8/ • Brychta, P. und K. Müller: Technische Simulation; Vogel Fachbuch: Kamprath Reihe, (2004), Würzburg.

/D1/ Deeken, M.: Simulation der tribologischen Kontakte in einer Axialkolbenmaschine; O + P Ölhydraulik und Pneumatik 47, (2003), Nr. 11-12.

/D2/ DKE: DIN IEC 60050-351: Internationales Elektrotechnisches Wörterbuch – Teil 1: Leittechnik (IEC 60050-351:2006); Beuth-Verlag, Berlin, Stand: 04/2010

/D3/ DKE: DIN 19226, Teil 2: Leittechnik: Regelungstechnik und Steuerungstechnik – Begriffe zum Verhalten von dynamischer Systeme; Beuth-Verlage, Berlin, Stand: 03/2007.

/D4/ • Dormand, J.R. und P.J. Prince: A family of embedded Runge Kutta formulae; J. Comp. Applic. Math. 6, (1980), S. 19–26.

/D5/ • Dronka, S.: Die Simulation gekoppelter Mehrkörper- und Hydraulik-Modelle mit Erweiterung für Echtzeitsimulation; Shaker-Verlag, (2004), Aachen.

/D6/ • Dürr, R.: Kopplungssätze mechatronischer Systeme in Modellierung und Simulation; VDI-Fortschrittsberichte Reihe 1: Konstruktionstechnik/Maschinenelemente, Nr. 310; VDI-Verlag, (1999), Düsseldorf.

/F1/ • Fehlberg, E.: Classical fifth-, sixth-, seventh- and eigth-order runge-kutta formulaes with step size control; Computing Vol. 4, (1963), S. 93 – 106.

/F2/ • Filla, R.: Operator and Machine Models for the Dynamic Simulation of Construction Machinery; Linköping Studies in Science and Technology, Thesis No. 1189; (2005), Linköping.

/F3/ Filla, R. und J.-O. Palmberg: Using Dynamic Simulation in the Development of Construction Machinery; Tagungsbeitrag: The Eighth Scandinavian International Conference on Fluid Power 2003, vol. 1, (2003), pp. 651-667.

/F4/ Fluidon: 5. Model Structure – Mathematical Principles; DSHplus 3.6 Online Program Help, 2008

/F5/ Fluidon: 4. The individual functions – Modules; DSHplus 3.6 Online Program Help, 2008

/F6/ • Freund, R. W. und R. H.W. Hoppe: Stoer/Burlisch: Numerische Mathematik 1; 10. Auflage, Springer-Verlag, (2007), Berlin, Heidelberg, New York.

/F7/ • Frohne, H. et al: Moeller – Grundlagen der Elektrotechnik; 21. Auflage, Vieweg + Teubner Verlag, (2008), Wiesbaden.

/G1/ • Gausemeier, J.; et al.: Entwicklungsmethodik für mechatronische Systeme. In VDI 2206 (Juni 2004).

/G2/ • Gear, C.W.: The simultaneous numerical solution of differential-algebraic equations; IEEE Trans. Circuit Theory, CT-18 (1971).

/G3/ • Gear, C.W.: Numerical Initial Value Problems in Ordinary Differential Equations, Prentice-Hall, (1971).

/G4/ Geimer, M.: Skript zur Vorlesung Fluidtechnik; Karlsruher Institut für Technologie (KIT), Lehrstuhl für Mobile Arbeitsmaschinen (Mobima); Stand: 06.04.2009.

/G5/ Geimer, M., T. Krüger und P. Linsel: Co-Simulation, gekoppelte Simulation oder Simulationskopplung? Ein Versuch der Begriffsvereinheitlichung, O+P Zeitschrift für Fluidtechnik – Aktorik, Steuerelektronik und Sensorik, 50 (2006) Nr. 11-12, S. 572-576.

/G6/ • Gipser, M.: Systemdynamik und Simulation; Teubner-Verlag, (1999), Stuttgart Leipzig.

/H1/ Hahmann, E.: Hardware-in-the-Loop-Simulation zur Unterstützung der Entwicklung einer digitalen Hydraulikachs-Regelungstechnik; O + P Ölhydraulik und Pneumatik 45, (2001), Nr. 1, S. 15-20.

/H2/ Hahmann, W.: Simulation in der Fluidtechnik – Unverzichtbares Werkzeug von der Vorentwicklung bis zum Vertrieb; O + P Zeitschrift für Fluidtechnik, (2006), Nr. 11-12.

/H3/ • Hairer, E.; S.P. Nørsett und G. Wanner: Solving Ordinary Differential Equations I – Nonstiff Problems; 2. Auflage Springer-Verlag, (1992), Berlin, Heidelberg, New York.

/H4/ Helduser, S.: Simulation in der Fluidtechnik; O+P Ölhydraulik und Pneumatik 46, (2002), Nr. 1, S. 27-36.

/H5/ Heisler, R. et al: Der Fendt 936 Vario. ATZoffhighway 08/2009, S. 38-49.

/I1/ ITI-SIM: Co-Simulation mit ADAMS und ITI-SIM; O+P Ölhydraulik und Pneumatik 45, (2001), Nr. 1, S. 20-21.

/J1/ • Johansson, B.: Model Management for Computational System Design; Linköping Studies in Science and Technology, Dissertation No. 857, (2003), Linköping.

/J2/ • Justus, O.: Dynamisches Verhalten elektrischer Maschinen; Vieweg Verlag, (1993), Braunschweig.

/K1/ Kett, R.: Virtuelle Inbetriebnahme von Reglern und Steuergeräten; Tagungsband 5. Kolloquium Mobilhydraulik, (2008), Karlsruhe, S. 91-109.

/K2/ Kett R. und P. Brangs: Gemeinsam Stark – die gekoppelte Simulation; O+P Ölhydraulik und Pneumatik Band 40, (1996), Heft 9 S. 607-611.

/K3/ Klein, A. et al: Mechatronik als neue Herausforderung für die Hydrauliksimulation; O+P Ölhydraulik und Pneumatik, (2005), Nr. 3, S. 160-164.

/K4/ Kliffken, M. und M.Behm: Zur Schonung von Boden und Reifen – Antriebsschlupfregelung für hydrostatische Fahrantriebe; O + P Zeitschrift für Fluidtechnik 2, (2005), S. 88-91.

/K5/ • Kübler, R.: Modulare Modellierung und Simulation mechatronischer Systeme; Fortschritt-Berichte VDI, Reihe 20 Rechnerunterstützte Verfahren, Nr. 327, VDI-Verlag, (2000), Düsseldorf.

/L1/ Lang, T.: Wann ist der Einsatz eines Simulationswerkzeuges wirtschaftlich? – Eine grundsätzliche Betrachtung; O + P Zeitschrift für Fluidtechnik 11-12, (2006).

/L2/ • Larsson, J.: Interoperability in Modeling and Simulation; Linköping Studies in Science and Technology, Dissertation No. 854, (2003), Linköping.

/L3/ Larsson, J.: Distributed Modeling for Complete Vehicle Simulation; Internet: http://www.iei.liu.se/machine/res/fvs?l=en, Stand: 08.04.2010.

/L4/ Lehnart, A.; F. Fleissner und P. Eberhard: Simulating sloshing liquids in tank vehicles; Tagungsband zum 1. Commercial Technology Symposium 2010, (2010), Kaiserslautern, S. 293-302.

/L5/ Liebig, S.; et al.: Die Modellierung und Simulation gekoppelter mechanischer und hydraulischer Systeme. Vortrag zum ASIM-Workshop der Fachgruppen „Grundlagen und Methoden der Modellierung und Simulation“ (GMMS) und „Simulation Technischer Systeme“ (STS), Tagungssektion Simulationsmethodik (2), Dresden, 05-06.03.2001. Internet: http://tu-dresden.de/die_tu_dresden/fakultaeten/vkw/tgf/publikationen, Stand: 27.03.2008.

/L6/ Löffler, M.: Semesterarbeit Simulation gekoppelter Systeme am Beispiel einer mobilen Arbeitsmaschine; Vorlesung aus dem Sommersemester 2009.

/L7/ Lohse, H. et al: Reglerauslegung für hydraulische Tiefziehpressen – Unterstützt durch die ganzheitliche Simulation; O+P „Ölhydraulik und Pneumatik", (2009), Nr. 3..

/L8/ • Lunze, J.: Regelungstechnik 1 – Systemtheoretische Grundlagen, Analyse und Entwurf einschleifiger Regelungen; 7. Auflage, Springer Verlag, (2008), Berlin.

/L9/ • Lunze, J.: Regelungstechnik 2 – Mehrgrößensysteme, Digitale Regelung; 5. Auflage, Springer-Verlag, (2008), Berlin.

/M1/ • Mack, G.: Eine neue Methodik zur modellbasierten Bestimmung dynamischer Betriebslasten im mechatronischen Fahrwerkentwicklungsprozess; Schriftenreihe des Instituts für Angewandte Informatik / Automatisierungstechnik, Universität Karlsruhe (TH), Band 28, (2009).

/M2/ Mathworks: Differential Equation (Mathematics): Initial Value Problems for ODEs and DAEs; MATLAB Help, 2007.

/M3/ Mathworks: MATLAB Getting Startet Guide; MATLAB Help, 2007.

/M4/ Mathworks: Running Simulations – Choosing a Solver; SIMULINK Help, 2007.

/M5/ Mathworks: Simulink How Simulink Works, SIMULINK Help, 2007.

/M6/ Mathworks: Simulink Overview of S-Functions, SIMULINK Help, 2007.

/M7/ Mathworks: Solver Pane – Max Step Size, SIMULINK Help, 2007.

/M8/ • Matthies, H. J.; K. T. Renius: Einführung in die Ölhyraulik; 5. Auflage, Teubner-Verlag, (2006), Wiesbaden.

/M9/ Mitchell, E.E.L. und J.S. Gauthier: Advanced Continous Simulation Language; Mitchell and Gauthier Association, (1976).

/M10/ Mitchell, E.E.L.: Transactions of IMACS; Band 19, (1977), Heft 2, Seite 133-140.

/M11/ Müller, B.; K. Tischler und U. Neumann: Gesamtsystemsimulation zur Entwicklung von Brems- und Fahrdynamikregelfunktionen für Traktoren; Tagungsband 1. Commercial Vehicle Technology Symposium, (2010), Kaiserslautern, S. 305-314.

/M12/ Müller, C. H. und H. Jagolski: Simulation hydraulischer Anlagen – Kostenreduzierungen in der Entwicklung durch IT-Einsatz; O + P Zeitschrift für Fluidtechnik 48, (2004), Nr. 3..

/M13/ • Murrenhoff, H.: Grundlagen der Fluidtechnik, Teil 1: Hydraulik; Shaker-Verlag, (2001), Aachen.

/P1/ Proppe, C.: Mathematische Methoden der Technischen Mechanik; Vorlesungsunterlagen 2009.

/P2/ Proppe, C.: Simulation dynamischer Systeme; Vorlesungsunterlagen 2006.

/P3/ Proppe, C.: Simulation dynamischer Systeme; Vorlesungsunterlagen 2009.

/R1/ • Richard, H. A. und M. Sander: Technische Mechanik. Dynamik; 1. Auflage, Vieweg-Verlag, (2008), Wiesbaden.

/R2/ • Rückgauer, A.: Modulare Simulation mechatronischer Systeme mit Anwendung in der Fahrzeugdynamik; VDI-Fortschrittberichte, Reihe20 Rechnerunterstützte Verfahren, Nr. 248, VDI-Verlag, (1997), Düsseldorf.

/R3/ Rüdiger, F.; A. Klein und J. Schütze: Gekoppelte Simulation in der Hydraulik; O+P „Ölhydraulik und Pneumatik" 47, (2003), Nr. 5.

/S1/ Schick, B.; U. Wurster und M. Ortlechner: ESP of Commercial Vehicles – Which Benefits result of the Simulation in the Homologation Process?; Tagungsband 1. Commercial Vehicle Technology Symposium, (2010), Kaiserslautern, S. 315-326.

/S2/ • Schiehlen, W. und P. Eberhard: Technische Dynamik – Modelle für die Regelung und Simulation; 2. Auflage, Teubner-Verlag, (2004), Wiesbaden.

/S3/ • Scholz, C.: Zur Simulatorkopplung für mechtronische Systeme; VDI-Verlag, Fortschrittsberichte VDI, Reihe 20 Rechnerunterstützte Verfahren, Nr. 387, (2004), Düsseldorf.

/S4/ Schuhmacher, A. und H.-H. Harms: Kombinierte Simulation am Beispiel eines hydrostatischen Fahrantriebs; 60 Landtechnik, (2005), Nr. 2.

/S5/ Schweizer, B. und M. Busch: Numerische Ansätze zur gekoppelten Simulation; Vortrag Fluidon Konferenz, (2009), Aachen.

/S6/ SIMPACK: SIMAT The LinkBetween SIMPACK and MATLAB; SIMDOC SIMPACK Release 8.9, (2009), Gilching.

/S7/ SIMPACK: Time Integration; SIMREF: 9.10, 2009, S. 450 – 472.

/S8/ • Stoer, J. und R. Burlisch: Numerische Mathematik 2; 5. Auflage, Springer-Verlag, (2005), Berlin, Heidelberg, New York.

/S9/ Stoll, S. et al: Drei Beispiele aus der Praxis – Simulation hydraulischer Fahrantriebe aus dem Baukasten; O + P Zeitschrift für Fluidtechnik 5, (2006).

/S10/ • Strehmel, K. und R. Weiner: Numerik gewöhnlicher Differentialgleichungen; Teubner Verlag, (1995), Stuttgart.

/S11/ • Stummel, F.; K. H.: Praktische Mathematik; 2. überarbeitete und erweiterte Auflage, Teubner-Verlag, (1982), Stuttgart.

/U1/ • Unbehauen, H.: Regelungstechnik I – Klassische Verfahren zur Analyse und Synthese linearer kontinuierlicher Regelsysteme, Fuzzy-Regelsysteme; 12. Auflage, Vieweg-Verlag, (2002).

/U2/ • Unbehauen, R.: Grundlagen der Elektrotechnik 1 – Allgemeine Grundlagen, Lineare Netzwerke, Stationäres Verhalten; 5. Auflage, Springer-Verlag, (1999), Berlin.

/V1/ Verein Deutscher Ingenieure: VDI 3633 Entwurf: Simulation von Logistik-, Materialfluß- und Produktionssystemen – Begriffsdefinitionen; VDI-Handbuch Materialfluß und Fördertechnik, Band 8, (1996).

/V2/ Völker, L.; S. Han und M. Geimer: Unternehmensübergreifende Simulation mobiler Arbeitsmaschinen – Ein Vorschlag für eine standardisierte Vorgehensweise; Tagungsband zum 1. Commercial Technology Symposium 2010, (2010), Kaiserslautern, S. 349-358.

/W1/ • Watter, H.: Hydraulik und Pneumatik, Grundlagen und Übungen – Anwendungen und Simulation; 1. Auflage, Vieweg-Verlag, (2007), Wiesbaden.

/W2/ -.-: Mechatronik-Kooperationsplattform für anforderungsgesteuerte Prüfung und Diagnose; Internet: http://www.vp-mikado.de/de/index.php; Stand: 06.07.2010.

/W3/ -.-:GENSIM – Entwicklung eines generischen Simulationswerkzeugs für heterogene technische Systeme mit Modellstrukturdynamik Internet: http://www.first.fraunhofer.de/owx_1_589_1_2_0_6bc4c27e7214c6.html; Stand: 06.07.2010.

/W4/ -.-: Functional Digital Mock-Up (Functional DMU); Internet: http://www.igd.fhg.de/igd-a2/fdmu/index.php; Stand: 06.07.2010.

/W5/ -.-: EXITE (EXTESSY Inter Tool Exchange); Internet: http://www.extessy.com/de/?id=5990d6118fa4cb6d3119dcd966521bcf; Stand: 06.07.2010.

/W6/ -.-:Adaptierbares Modellierungswerkzeug und Qualifizierungsprogramm für den Aufbau firmenspezifischer mechatronischer Engineeringprozesse; Internet: http://www.aquimo.org/; Stand: 06.07.2010.

/W7/ -.-: CSSL – Continuous System Simulation Language; Internet: http://hopl.murdoch.edu.au/showlanguage.prx?exp=282&language=CSSL; Stand: 16.07.2010.

/W8/ -.-: RZ Universität Karlsruhe (TH): MATLAB; Internet: http://www.scc.kit.edu/produkte/3841.php; Stand: 03.08.2010.

/W9/ -.-: SIMPACK Multibody-Simulation Software; Internet: http://www.simpack.com/; Stand: 05.08.2010.

/W10/ -.-: Fluidon History of DSHplus; Internet: http://www.fluidon.com/index.php?id=4; Stand: 08.08.2010.

/W11/ -,-: Fendt 700 Vario 711 • 712 • 714 • 716 – Das wichtigste über eine neue Generation Traktoren. Infobroschüre der Firma Fendt. 2005. Internet: http://www.fendt.com/de/700-vario-prospekte.asp

Abbildungsverzeichnis

Anhang A

Tabelle 6.1: Korrespondenzen zur Laplace-Transformation nach /U1/

Nr.	Zeitfunktion f(t), f(t) = 0 für t < 0	L-Transformierte F(S)
1	δ-Impuls δ(t)	1
2	Einheitssprung σ(t)	$\frac{1}{s}$
3	t	$\frac{1}{s^2}$
4	t^2	$\frac{2}{s^3}$
5	$\frac{t^n}{n!}$	$\frac{1}{s^{n+1}}$
6	e^{-at}	$\frac{1}{s+a}$
7	te^{-at}	$\frac{1}{(s+a)^2}$
8	t^2e^{-at}	$\frac{2}{(s+a)^3}$
9	$t^n e^{-at}$	$\frac{n!}{(s+a)^{n+1}}$
10	$1-e^{-at}$	$\frac{a}{s(s+a)}$
11	$\frac{1}{a^2}\left(e^{-at}-1+at\right)$	$\frac{1}{s^2(s+a)}$
12	$(1-at)\,e^{-at}$	$\frac{s}{(s+a)^2}$
13	$\sin \omega_0 t$	$\frac{\omega_0}{s^2+\omega_0^2}$
14	$\cos \omega_0 t$	$\frac{s}{s^2+\omega_0^2}$
15	$e^{-at}\sin \omega_0 t$	$\frac{\omega_0}{(s+a)^2+\omega_0^2}$
16	$e^{-at}\cos \omega_0 t$	$\frac{s+a}{(s+a)^2+\omega_0^2}$

17	$\frac{1}{a} f\left(\frac{t}{a}\right)$	F(as) (a>0)
18	$e^{at} f(t)$	F(s-a)
19	$f(t-a)$ für $t > a \geq 0$ 0 für $t < 0$	$e^{-at} F(s)$
20	-t f (t)	$\frac{d F(s)}{ds}$
21	$(-t)^n f(t)$	$\frac{d^n F(s)}{ds^n}$
22	$f_1(t)\, f_2(t)$	$\frac{1}{2\pi\pi} \int_{c-j\infty}^{c+j\infty} F_1(p) F_2(s-p) dp$

Karlsruher Schriftenreihe Fahrzeugsystemtechnik (ISSN 1869-6058)

Herausgeber: FAST Institut für Fahrzeugsystemtechnik

Die Bände sind unter www.ksp.kit.edu als PDF frei verfügbar oder als Druckausgabe bestellbar.

Band 1 Urs Wiesel
Hybrides Lenksystem zur Kraftstoffeinsprung im schweren Nutzfahrzeug.
2010
ISBN 978-3-86644-456-0

Band 2 Andreas Huber
Ermittlung von prozessabhängigen Lastkollektiven eines hydrostatischen Fahrantriebsstrangs am Beispiel eines Teleskopladers.
2010
ISBN 978-3-86644-564-2

Band 3 Maurice Bliesener
Optimierung der Betriebsführung mobiler Arbeitsmaschinen. Ansatz für ein Gesamtmaschinenmanagement.
2010
978-3-86644-536-9

Band 4 Manuel Boog
Steigerung der Verfügbarkeit mobiler Arbeitsmaschinen durch Betriebslasterfassung und Fehleridentifikation an hydrostatischen Verdrängereinheiten
2011
978-3-86644-600-7

Band 5 Christian Kraft
Gezielte Variation und Analyse des Fahrverhaltens von Kraftfahrzeugen mittels elektrischer Linearaktuatoren im Fahrwerksbereich
2011
978-3-86644-607-6

Band 6 Lars Völker
Untersuchung des Kommunikationsintervalls bei der gekoppelten Simulation
2011
978-3-86644-611-3